괴테의
식물변형론

* 이 책은 1790년 독일의 칼 빌헬름 에팅거Carl Wilhelm Ettinger 출판사에서 출간한 요한 볼프강 폰 괴테의 『식물 변형에 관한 시론試論/Versuch die Metamorphose der Pflanzen zu erklären』을 번역한 것이다.

괴테의
식물변형론

VERSUCH DIE METAMORPHOSE
DER PFLANZEN ZU ERKLÄREN

요한 볼프강 폰 괴테 지음·이 선 옮김

이유출판

목차

해제
011

식물 변형에 관한 시론
039

서문
041

제1장
떡잎에 관하여
048

제2장
줄기 마디마다 발달하는 잎의 형성
054

제3장
꽃으로의 이행
064

제4장

꽃받침의 형성

067

제5장

화관의 형성

074

제6장

수술의 형성

081

제7장

꿀샘

086

제8장

수술에 대한 몇 가지 추가 사항

098

제9장

암술의 형성

103

제10장

열매에 대하여

109

제11장

씨를 직접 감싸는 외피에 대하여

119

제12장

회고 및 전개

123

제13장

눈과 그 발달에 관하여

125

제14장

복합 구조의 꽃차례와 겹열매의 형성

130

제15장

장미 관생화

136

제16장

카네이션 관생화

140

제17장

린네의 예측 이론

143

제18장

요약

150

역자 후기

156

참고 문헌

162

해제

1

세계를 폭넓게 인식하는 괴테의 시선

"당신이 바로 그분이시군요Vous êtes un homme!"

나폴레옹을 만난 괴테Goethe à la rencontre de Napoléon(프랑스국립박물관연합RMN)

괴테의 식물변형론

요한 볼프강 폰 괴테Johann Wolfgang von Goethe(1749~1832). 그는 18세기 후반 독일뿐 아니라 전 유럽의 열광적인 팬덤을 형성했던 독일의 대표적 문학가였다. 왼쪽 글은 『젊은 베르테르의 슬픔』의 열혈 독자였던 나폴레옹이 1808년 독일 에어푸르트에서 괴테를 처음 만났을 때 건넨 인사말이었다고 한다.

괴테는 문화의 도시 독일 라이프치히대학에서 법학을 전공하고 졸업 후 변호사로 활동했지만, 어려서부터 문학과 예술뿐 아니라 자연과학에도 많은 관심을 기울였다. 그는 대학에서 법학과 인문학 외에도 물리, 화학, 지질, 식물학 수업에 참여하며 박물학적 소양을 넓혔다.

1786년 그의 나이 37세에 떠난 이탈리아 여행은 그의 인생에 결정적 전환점이 되었다. 알프스를 거쳐 남유럽까지 여행하며 그는 지리, 기후, 지형, 광물, 식생, 경관 등 새로운 자연환경을 경험했을 뿐 아니라 수많은 예술품과 문화를 접했으며, 고대와 고전에 대한 새로운 시각을 품게 되었다. 그로 인해 인문과 자연을 아우르면서 자연과학과 자연철학 연구에 몰두했다. 그와 동시에 '식물'과 '빛'이라는 커다란 주제가 그에게 새로운 화두로 떠올랐다. 바이마르Weimar 시절부터 관심을 쏟았던 식물에 대한 관심은 이 여행을 계기로 더욱 심화되어 『식물변형론』이 탄생하는 계기가 되었다.

『식물변형론』은 괴테가 이탈리아를 여행한 후 2년 뒤인 1790년에 출간되었는데, 자연과학에 대한 그의 연구 초기 결과물 중 하나다. 남유럽에서 접했던 수많은 예술 작품과 자연경관, 그리고 햇빛에 경탄했던 그는 이후 수학과 실험으로 무장한 뉴턴Isaac Newton(1642~1727)의 광학이론을 강하게 비판하며 1810년 『색채론』을 출간하였다. 『색채론』은 약 1,400여 쪽에 달했는데, 그가 무려 20여 년을 매달린 저작이다. 그는 『색채론』에 크나큰 자부심을 느끼고 자신의 대표작으로 내세울 정도였으니, 스스로 문학가보다는 자연과학자로 기억되기를 원했을지도 모른다. 그 외에도 동물학과 해부학, 심지어 지질학에도 관심이 확장되어 수많은 광물을 수집하기도 하였다.

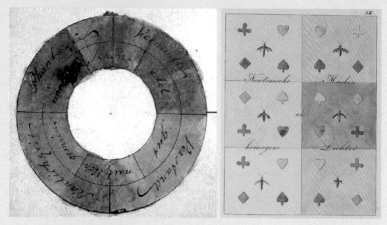

괴테의 『색채론』에 수록된 그림. 왼쪽은 색깔별로 인간의 정신과 영적인 삶을 상징하는 괴테의 색상환이고, 오른쪽은 다양한 빛에 따라 사물의 선명도가 다르다는 것을 보여주는 괴테의 도면이다.

일련의 자연과학적 논거를 관통하는 그의 기본 사고에서 눈여겨볼 점은 부분과 전체의 상호작용, 즉 관계성에 주목했다는 사실이다. 그것이 생물 기관이든, 물리 현상이든, 또는 철학 법칙이든 서로 간의 연관성을 주의 깊게 관찰한 그의 시선은 당시로선 매우 혁신적이고 진보적이었다.

"생동하는 자연에서는 전체와 관련이 없는 존재는 없다. 우리가 아무런 관련 없이 따로따로 체험한 것처럼 보인다고 해서, 또 시행한 실험들이 서로 독립되어 연관되지 않는다는 사실로 판단해야만 할지라도, 그것들이 서로 분리되어있다는 것은 아니다. 문제는 다만 이 현상들이 어떻게 관련되어 있는가. 또 이 사실들이 어떤 관계성을 가지고 있는가를 밝혀내는 것이다." – 『객체와 주체의 매개로서의 습작Der Versuch als Vermittler von Objekt und Subjekt』

그러면서도 그는 자신의 사고를 체계화하기 위해 단계적 질서와 배열에 관심을 기울였다. 예컨대 식물의 성장 과정을 관찰하면서 연속적 발달단계와 형태 변화, 그리고 그에 대한 질서를 주의 깊게 살폈다. 순간의 결과물만을 독립적으로 관찰하는 대신, 매 순간 중첩된 연속된 결과물을 총합적으로 조명하는 방식이었는데, 그는 기존의 과학자들과는 달리 단편적이고 정량적인 사고에서 탈피하여 종합적이고 정성적인 사고를 중시하고 통합적인 체계를 강조하였다. 이는 전체에 대한 인식이 부분에 대한 인식보다 선행되어야 한다는 그의 인식론에서 출발한 것이라 할 수 있다.

괴테의 사유와 철학에 영향을 끼친 사상은 다양하다. 문학가로서 괴테는, 절제와 규범을 중시했던 고전주의와 감성과 자유를 추구했던 낭만주의의 영향을 많이 받았지만, 자연과학자 또는 자연철학자로서의 괴테는 스피노자Bruch Spinoza(1632~1677)의 영향을 빼놓을 수 없다. 스피노자가 활동하던 17세기는 뉴턴의 만유인력 발견 등과 같은 자연 연구가 비약적으로 발전한 시대였으나, 종교적으로는 전통적인 기독교관을 그대로 유지하고 있었다. 이때 등장한 스피노자의 범신론汎神論은 18세기 유럽의 종교와 철학, 자연과 문화에 커다란 파문을 일으켰다. 스피노자는 신을 만물 위에 있는 초월적 존재로 보는 대신, 만물을 존재하게 하는 내적 원인으로 파악했다. 기독교 중심의 종교관에서 벗어나 '자연의 만물에 신이 존재한다.'라는 스피노자의 범신론은 18세기 후반 유럽의 사상계에 반향을 불러일으켰으며, 괴테도 큰 영향을 받았다. 특히 자연을 두 가지 측면, 즉 스스로 만물을 산출하는 능력을 가진 능산적 자연能産的自然/natura naturans과 그 결과로 존재하는 소산적 자연所産的自然/natura naturata으로 구분한 스피노자 이론은 괴테에게 자연을 바라보고 해석하는 데 결정적 좌표가 되었다. 스피노자를 지극히 숭배했던 괴테는 그의 열렬한 제자임을 자처하기도 했다.

1776년 바이마르의 광산 개발에 참여했던 경험이 괴테에게는 자연에 대해 본격적으로 사유하는 계기가 되었고, 그 후 스피노자를 깊이 연구하면서 자신의 자연관을 재정립하였다. 스피노자 철학에 심취했던 괴테는 그의 대표작 『파우스트』에서도 범신론적 사상을 표현하였다. 또 스피노자의 철학과 이론을 확대하여 자연을 끊임없이 생성하고 변형하는 역동적 주체로 인식하였고, 현재의 사물과 현상은 단지 그 과정 중 하나로 판단하였다.

괴테는 '자연은 영구하고 필연적이며, 신성 그 자체로, 신조차도 함부로 바꿀 수 없는 신성의 법칙이 작용하고 있다'고 하였다. 아울러 그 중심에는 자연에 내재된 충동과 욕구, 즉 자연의 본능Trieb이 자리 잡고 있으며, 그것이 유기적 생명체가 그 자체로 존재하는 원리로 인식하였다.

이러한 그의 생각은 『식물변형론』의 논고에서도 종종 드러난다(7절, 77절, 85절, 99절 등 참조). 예컨대, 제7절, "규칙적인 변형에서는 자연이 억제할 수 없는 본능과 강한 의지로 꽃을 피우고 사랑의 결실을 준비합니다." 또는 77절의 "그보다 더욱 엄청난 번식력은 양치류의 잎에서 볼 수 있습니다. 양성생식兩性生殖을 하지 않고도 내재된 본능적 욕구에 의해 번식 가능한 수많은 홀씨를 사방으로 퍼트리거나 싹을 틔워 퍼져나갑니다." 등에서 찾을 수 있다.

위의 사례처럼 자연에 내재된 본능과 욕구는 생명력을 의미하는데, 이 '본능', '충동', '욕구'를 의미하는 Trieb이라는 단어는 '식물의 싹', '어린 가지', '발아', '생장력' 등의 뜻도 있으니, 괴테가 자연(식물)에 내재된 힘(본능, 충동, 욕구)를 표현하는 데 매우 적절한 용어라 할 수 있다.

한편 모든 현상과 사물은 상황과 조건에 따라 변한다는 그의 유연한

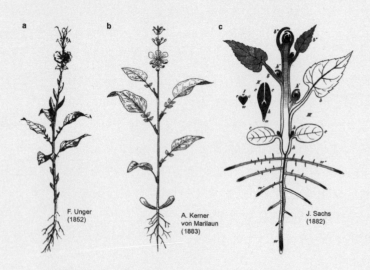

F. Unger
(1852)

A. Kerner
von Marilaun
(1883)

J. Sachs
(1882)

괴테의 원형식물에 대한 후대 학자들의 도해(Niklas, K. J. & Kutschera, U, 2016).

사고는 인문적 소양과 예술적 감수성의 소산에서 비롯된 것이다. 그의 인식과 사고의 표현 방식에는 언어뿐 아니라 그림도 중요한 위치를 차지하였다. 그는 식물과 동물은 물론, 인체와 고대 조각 작품, 그리고 수많은 자연경관을 관찰하고 스케치하였는데, 자연 관찰이 예술 양식에 밑거름이 된다는 믿음 때문이었다. 그는 다양한 대상을 탐구하면서, 그 변화과정의 현상과 형태에 대해 미학적, 예술적 상상력을 동원하고 면밀한 관찰과 다양한 경험을 중첩해 고찰하였다. 이처럼 예술과 자연의 밀접한 관계에 주목한 괴테는 알렉산더 폰 훔볼트Alexander von Humboldt(1769~1859)에게 자연과 예술, 사실과 상상을 결합할 것을 권고하기도 하였다.

이탈리아 여행 중에 그는 새로운 식물들을 관찰하면서 모든 형태의 시원始原이 되는 원형식물Urpflanzen이라는 개념을 도출하였으며, 원형식물은 세상에서 가장 놀라운 존재이자 자연도 부러워할 만한 것이라 자부하였다. 그는 원형식물을 모델로 삼아 모든 식물의 생장과 변형의 원리를 설명할 수 있다고 생각하였다(120절 참조). 즉 하나의 기본 모델(원형식물)을 기준으로 다른 형상들이 변형되는 것인데, 이것은 원형현상Urphänomen까지 발전되어 괴테가 주장하는 형태학Morphlogie의 핵심이 되었다. 그는 형태학을 '유기체의 형성과 변형을 포함하는 형상이론'으로 정의하였다. 그 의미와 대상은 조금 다르지만 이후 찰스 다윈Charles Robert Darwin(1809~1882)의 『종의 기원』(1859)에도 '원형原型'에 대한 유사한 내용이 등장한다.

"그러므로 나는 변화를 동반한 계승[1] 이론을 동일한 강綱에 속한 모든 구성원에게 적용할 수 있다는 사실을 의심할 수가 없다. ... 유추를 통해 나는 한 걸음 더 나아가 다음과 같은 점을 생각하게 되었다. 즉 모든 동식물이 어떤 하나의 원형에서 유래되었다는 것이다." -『종의 기원』(찰스 로버트 다윈 지음, 장대익 옮김)

---

1 변화를 동반한 계승: 이 용어는 1872년에 출간된 『종의 기원』 제6판부터 '진화Evolution'로 대체되었다.

그러나 괴테가 그토록 흥분하며 설명했던 새로운 발견(원형식물)에 대해 주변 사람들은 대부분 회의적이었다. 자신의 놀라운 발견을 '경험이 아닌 관념'으로만 치부한 프리드리히 쉴러Johann Christoph Friedrich von Schiller(1759~1805)의 비판에 자극받은 괴테는, 자신의 이론을 확장해 또 다른 철학적 개념에 도달하게 된다. 그것은 '경험은 시간과 공간에 제약을 받지만, 관념은 그것으로부터 자유롭다'는 것이었다. 그의 생각을 뜬구름 잡는 허황된 이야기로만 치부할 수 없는 까닭은, 자신의 관념을 입증하기 위해 형태학에 대한 정의와 특성을 규정짓고, 세밀하고 철저한 관찰을 통해 구체적 내용을 규명하였으며, 그에 대한 방법론까지 제시하였기 때문이다.

괴테의 자연 관찰에서 전달되는 온기溫氣는 그가 자연을 마주하는 양식良識에서 비롯되었다. 그는 인간 중심의 사유 방식을 지양하고 인간과 자연의 공존 관계 설정을 중시하였다. 이것은 기존의 계몽주의에 대한 반발로 18세기 후반부터 형성되었던 낭만주의 사조와 궤를 같이한다.

당시 계몽주의의 자연관은 이성을 무기로 인간과 자연의 주종 관계를 설정하고, 자연을 인간의 이성 앞에 무릎 꿇려야 할 정복의 대상으로 보았다. 이런 사조에 비판적 입장을 견지한 낭만주의는 자연과 인간의 친화와 공존을 우선시하고 감각과 직관, 상상과 자유를 기반으로 자연을 생명과 영혼으로 충만한 존재로 인식하였다.

낭만주의에 영향을 받았던 괴테는 문학적 상상력과 예술적 감각, 그리고 직관적 경험을 중시했다. 괴테는 자연을 탐구하면서 여러 현상들을 직관적으로 살펴보면 보편성과 개별성을 뛰어넘어 총체적 현상에 만나게 된다고 하였다. 그의 직관적 경험의 사례는 동물의 두개골 형태와 식물의 형태 관찰 등 여러 곳에서 드러난다.

직관적 경험이 식물 탐구에서도 그대로 투영된 사실을 그는 자기 비서였던 에커만Johann Peter Eckermann(1792~1854)에게 피력하였다.

"자네 말이 맞아. 나도 그 방법이 좋다고 생각했네. 내가 『음향학』에서도 그랬듯이, 『식물변형론』에서도 직관적이고 연역적인 방식으로 집필한 것일세. 나의 『식물변형론』은 마치 허셸의 발견 과정처럼 독특한 방식으로 진행되었네. 허셸은 너무 가난하다 보니 망원경을 살 수 없어 직접 만들어야만 했었지. 그런데 그게 바로 행운이었네. 왜냐하면 자신이 만든 것이 다른 것들보다 뛰어났으니까 말일세. 그로 인해 그는 엄청난 발견을 하게 된 것이지. 나는 경험을 통해 식물학 분야에 입문했네. 내가 성性 형성 이론을 이해하기에는 너무 광범위하고 엄두가 나지 않는다는 것을 이제 잘 알고 있지. 그보다는 오히려 나만의 방식으로 그 주제를 궁리하여 모든 식물에 전부 적용되는 공통분모를 찾고자 노력하였고, 결국 변형의 법칙을 발견하게 된 것일세. 이제 식물학의 세밀한 분야까지 전념한다는 것은 내가 할 일이 아닐세. 그 일은 나보다 훨씬 출중한 다른 사람들에게 맡기고, 다만 내가 할 일은 개개의 현상을 일반적인 원리로 환원시키는 작업뿐일세." -『괴테와의 대화Gespräche mit Goethe in den letzten Jahren seines Lebens)』(요한 페터 에커만 지음, 1827년 2월 1일)

식물이 수직 방향과 나선 방향으로 자라는 경향도 괴테는 시인 특유의 직관과 감수성으로 해석했다. 곧게 지탱하는 수직의 성질을 남성적으로, 개화와 결실기에 주로 나타나는 나선형 성질을 여성적이라고 풀이했다. 결국 식물은 그 근본이 자웅雌雄의 양성兩性을 가졌는데, 성장하고 변화하는 과정에서 둘로 분리되어 서로 다른 경향을 보이다가 다시 합쳐진다는 의견을 개진하였다(6절 참조). 또한 여러 물리적 현상들이 빛과 어둠, 따스함과 차가움, 양극과 음극, 산화와 환원, 수축과 팽창, 들숨과 날숨 등과 같이 정반대의 힘인 양극성兩極性/Polaritat에 의해 움직인다고 생각하였다. 이런 양극성의 원리는 『색채론』에서도 주요 원리로 등장한다. 마찬가지로 식물이 형태적 변화를 일으키는 동력도 수축과 확장의 반복이라는 것이다. 더 나아가 지구도 식물이나 동물과 같이 들숨과 날숨을 쉬는 거대한 유기체로 인식하였다. 지구를 살아있는 유기체로 해석한 그의 사유를 그대로 식물의 생장과 변형에 대입시키면, 들숨은 수축, 날숨은 팽창(확장)에 해당된다(29절 각주 57 참조). 이처럼 개념쌍으로 설명되는 그의 인식과 사고는 두 개의 상호보완적인 힘이 서로 작용하여 우주의 삼라만상을 발생, 변화, 소멸시키는 동양의 음양설陰陽說

을 연상케 한다. 그는 지구에 대한 생각을 에커만에게 다음과 같이 설명하였다.

"나는 대기에 둘러싸인 지구를 마치 끊임없이 숨을 들이쉬고 내쉬는 거대한 생명체처럼 생각하고 있지. 지구가 들숨을 쉬면 대기 중의 수분이 지구 표면 가까이 끌려와 응축되면서 구름이 끼고 비가 오는 것인데, 이를 친수성親水性 상태라고 부르네. 이 상태가 오래 지속되면 지구는 물에 잠기겠지. 그러나 지구는 그러지 않고 다시 날숨을 내쉬어 수증기를 위로 날려 보내 상층 대기권 전역으로 흩어져 기화되는 것이지. 그 결과 밝은 태양 빛이 비치게 될 뿐 아니라 광활한 우주의 영원한 암흑도 밝은 청색으로 비쳐 보이게 되는 것일세. 이런 상태를 나는 소수성疏水性 상태라고 부르지. 친수성 상태에서는 하늘로부터 물이 풍부하게 공급될 뿐 아니라 지구상의 습기도 증발하거나 마르지 않지만, 소수성 상태에서는 하늘에서 수분이 공급되지도 않고, 지구상의 수분도 증발하기 때문이라네. 만약 이런 상태가 지속되면 지구는 태양이 비치지 않아도 건조해서 메말라버릴 위험에 처하게 될 것일세." - 『괴테와의 대화』(요한 페터 에커만 지음)

이와 같은 그의 새로운 우주관은 지구를 '내재적 힘으로 활동하고 움직이는 집합체'로 설명했던 홈볼트에게 큰 영향을 끼쳤다. 또한 1970년대 영국의 저명한 과학자 제임스 러브록James Ephraim Lovelock(1919~2022)이 자신의 저서 『가이아: 지구생명에 대한 새로운 시각Gaia: A New Look at Life on Earth』(1978)에서, 지구를 '살아 있는 하나의 거대한 유기체'로 상정하여 제창한 '가이아Gaia 이론'의 원조 격이라 할 만하다.

또한 괴테는 식물이 기후와 해발고도, 습도 등에 따라 종과 형태가 바뀐다는 사실을 강조하였다(24절 참조).

"나는 산의 고도가 식물에 영향을 미칠 수도 있다는 사실에 주목하게 되었다. 거기서 나는 새로운 식물을 발견했을 뿐 아니라, 예전에 보았던 식물의 생육 형태가 달라진 것을 발견했다. 저지대에서는 가지와 줄기가 더 억세고 무성하며, 눈이 더 촘촘하게 나 있고, 넓은 잎을 가졌다면, 해발고도가 높아질수록 가지와 줄기는 더 연약해지고, 눈은 서로 떨어져 있어 마디 사이가 좀 더 길어지며, 잎 모양은 피침형으로 변했다." -『이탈리아 기행Italienische Reise』(요한 볼프강 폰 괴테 지음) '1786년 9월 8일 브레너Brenner' 중

이처럼 환경변화에 따라 식물의 종이 달라지고, 또 동일종일지라도 그 형태 변이가 있다는 사실을 괴테는 스위스와 이탈리아 여행에서 실지 관찰하였다. 이런 경험을 그는 학문적 동지였던 훔볼트와 공유하였다. 독일의 예나에서 만난 두 사람은 각자의 관심사를 교환하며 서로에게 큰 자극이 되었다. 훔볼트는 괴테의 경험과 사고에 크게 감명받고 지형과 기후, 식물과 환경을 종합적으로 관찰하는 시각을 길렀다. 그가 '식물지리학Plant geography'의 창시자가 된 배경에는 괴테의 영향이 매우 컸다고 할 수 있다. 훔볼트는 "괴테와 함께한 생활은 나에게 새로운 장기臟器를 이식했고, 이 장기를 통해 자연계를 바라보고 이해했다. 나중에 남아메리카를 바라본 것도 바로 새로운 장기를 통해서였다."라고 토로했다.(『자연의 발명:잊혀진 영웅 알렉산더 폰 훔볼트』 74쪽, 안드레아 울프 지음, 양병찬 옮김).

훔볼트는 오랜 기간 남미를 여행하고 쓴 책『식물지리학에 대한 개념 Ideen zu einer Geographie der Pflanzen』(1807)의 속표지에 괴테를 위한 헌정 그림을 삽입하기도 하였다. 이 그림은 아폴론이 자연을 상징하는 여신 이시스Isis의 베일을 벗기는 장면인데, 이시스의 발아래에는 괴테의 책 제목인 'Metamorphose der Pflanzen(식물변형)'이라고 새겨진 판板이 놓여있다. 또한 그림 아래쪽에는 'An Goethe(괴테를 기리며)'라고 적혀있다. 훔볼트는 괴테의『식물변형론』을 자연의 신비를 벗기는 업적으로 인식했는지도 모른다.

괴테는 훔볼트에게 생물의 유기적 시스템을 설명하면서, 생물의 각

부분은 상호작용을 통해서만 제각각의 기능을 수행할 수 있다는 점을 강조하였다. 기계적 시스템에서는 부분이 전체를 형성하지만, 유기적 시스템에서는 전체가 부분을 형성한다는 것이다. 전체와 부분의 상호연관성을 깊이 궁리한 괴테의 사고는 예전의 자연과학적 사고와는 다른 새로운 장을 제시하였다.

또한 괴테는 모든 현상과 사물을 창조주가 정한 '과거 완료형'으로

(위) 훔볼트가 자신의 저서 『식물지리학에 대한 개념Ideen zu einer Geographie der Pflanzen』(1807)의 속표지에 괴테를 위한 헌정으로 Bertel Thorvaldsen의 그림을 삽입하였다. 그림 아래에는 'An Goethe(괴테를 기리며)'라고 적혀있다. (아래) 그림 아랫 부분 확대.

괴테의 식물변형론

인식한 것이 아니라, 자연 스스로 역동적 주체가 되어 끊임없이 생성과 변형을 주도하는 '현재 진행형'으로 인식했다. 그의 다음과 같은 서술은 이를 뒷받침한다.

"오랫동안 살펴본 주변 식물의 변화무쌍한 형태 변화를 통해, 나는 주변의 식물 형상은 원래부터 결정되고 고정된 것이 아니라, 오히려 종류별로 특별하고 고유한 경향을 지니고 있다는 것을 점점 더 깨닫게 되었다. 식물은 생장에 영향을 미치는 수많은 환경 조건들에 적응한 후, 모양을 갖춰가고, 또 그 형태를 변형시킬 수 있는 가동성可動性과 유연성柔軟性의 능력을 부여받은 존재이다." – 『형태학에 관하여Zur Morphologie』(1817), 『식물학 연구에 대한 저자의 변Der Verfasser teilt die Geschichte seiner botanischen Studien mit』(요한 볼프강 폰 괴테 지음)

찰스 다윈은 1861년에 출간된 그의 『종의 기원』 제3판에, '1790년대 후반에 독일의 괴테, 영국의 에라스무스 다윈Erasmus Darwin(1731~1802, 찰스 다윈의 할아버지), 그리고 프랑스의 조프루아 생틸레르Étienne Geoffroy Saint-Hilaire(1772~1844)가 거의 동시에 종의 기원에 대해 유사한 결론에 도달한 것은 특이한 사례'라고 직접 괴테를 언급하며, 이들의 업적을 인정하였다.

그의 형태학 연구 결과에 대해 일부 저명한 과학자들이 찰스 다윈의 진화론의 모태가 되었다고 평가하는 것이 그리 과장은 아닐 것이다.

당대의 전문가들은 괴테를 아마추어 과학자 정도로 보았지만, 젊은 과학자들은 괴테의 과학적 업적을 높이 평가했다. 그중에는 독일의 레오폴디나 국립 과학 아카데미Leopoldina Nationale Akademie der Wissenschaften[2] 회장이었던 식물학자 네스 폰 에젠베크Christian Gottfried Daniel Nees von Esenbeck(1776~1858)도 있다. 괴테는 1818

---

2 설립 당시 원래 명칭은 'Academia Naturae Curiosorum'이었는데, 1687년 레오폴드 1세로부터 독립적인 지위를 보장받으면서 Sacri Romani Imperii Academia Caesareo-Leopoldina Naturae Curiosorum 또는 간단히 Leopoldina로 불렸다.

년 이 과학 아카데미의 정식 회원으로 선출되었으니, 그만큼 자연과학자로서 위치를 확고히 했다고 볼 수 있다. 레오폴디나 국립 과학 아카데미는 1652년에 설립된 세계 최고最古의 과학 아카데미로 의학, 식물학, 생리학 등의 관련 저작을 출판하기 시작했으며 1677년 로마 제국의 황제 레오폴트 1세에 공식적으로 인정받은 기관이다. 찰스 다윈과 알렉산더 폰 훔볼트, 아인슈타인, 마리 퀴리도 이 아카데미의 회원이었다.

찰스 다윈의 신봉자이자 '생태학Oekologie/Ecology'이라는 용어를 처음으로 제창한 독일 예나대학의 동물학자 에른스트 헤켈Ernst Haeckel(1834~1919)은 괴테를 다윈 진화론의 선구자로 칭송하였다. 괴테의 이론에서 혹여 과학적 논증이 부족했을지라도, 자연의 진화 원리에 대한 접근 방식은 후세에 새로운 영감을 준 것만은 분명하다.

괴테의 변형과 형태 이론에서 영향을 받았던 에른스트 헤켈은 자연 생명체의 아름다운 형상에 매료되어 1899년 『자연의 예술적 형상 Kunstformen der Natur』을 출간하였다. 이 책에서 보여주는 그의 생명체에 대한 놀라운 형태 표현은 19세기 말 전 유럽과 미국에 널리 퍼졌던 예술 양식, 아르누보의 주요 소재로서 수많은 예술가와 과학자, 그리고 공학자에게 아이디어를 주었다. 더 나아가 현대의 공학자들은 자연물의 형태와 기능을 본떠 인공물을 만드는 생체모방기술의 뿌리를 헤켈에서 찾기도 한다. 최근에는 벌새와 그 형태와 기능이 거의 똑같은 초소형 로봇인 벌새로봇hummingbot을 개발해, 드론이 진입할 수 없는 작은 공간에 투입하는 연구도 진행 중이다. 이처럼 인공물을 혁신하는 과정에서 생물체의 구조와 기능, 그리고 형태와 진화에 대한 생성론적 해석이 결정적인 힌트를 주고 있다.

결국, 괴테의 형태 변화에 대한 사유와 고찰은 다윈의 생물 진화에 대한 논증과 헤켈의 자연의 형상과 생태학을 거쳐 생체모방학과 인공물의 진화를 논하는 단계로까지 이어진다. 그렇다면 이러한 궤적의 출발점에 괴테의 『식물변형론』과 『형태학』이 자리 잡고 있다고 볼 수 있다.

괴테는 전체와 부분과의 관계를 경험과 측정에 근거한 과학적 방법을 동원하여 끊임없이 탐구하였다. 또한 자연과학과 인문학의 경계를 허물고, 사물과 현상을 조명하는 데 새로운 시각을 제시한 인물이라 할 수 있다. 그의 『색채론』은 현대 추상 회화의 창시자라 할 수 있는 칸딘스키Wassily Kandinsky(1866~1944)에게도 영감을 주었다. 그렇다면 최근 미국의 사회생물학자 에드워드 윌슨Edward Osborne Wilson(1929~2021)이 주장하여, 우리 사회의 화두가 되고 있는 지식의 통합, 즉 통섭統攝/Consilience의 원류를 괴테에서 찾을 수 있지 않을까.

'과학은 시詩에서 태어났다'는 그의 사유는 인문학에서 출발하여 자연과학에 접근한 괴테의 또다른 철학 여정을 그대로 보여준다.

2

『식물변형론』에 관하여

1790년 칼 빌헬름 에팅거Carl Wilhelm Ettinger 출판사에서 출간된 『식물변형론』 속표지.

본서는 1790년 독일 출판의 중심 도시 고타에 있는 칼 빌헬름 에팅거Carl Wilhelm Ettinger 출판사에서 출간한 것으로, 총 86쪽에 달하는 비교적 짧은 논고이다. 원제는 『식물 변형에 관한 시론試論/Versuch die Metamorphose der Pflanzen zu erklären』이다.

본서의 제목을 국내에서는 '식물변형론', 또는 '식물변태론'으로 번역하고 있다. '변형變形'과 '변태變態'가 의미상 유사하지만, 본문의 서론부에 '변형의 법칙die Gesetze der Umwandlung'이란 표현이 등장하고(3절 참조), 본서가 형상 이론인 '형태학形態學/ Morphologie'이라는 용어의 출발점이라는 의미를 감안하여 '변형'으로 번역하였다.

전체 편집 구성은 표지, 속표지, 린네의 인용문, 목차, 본문 등으로 구성되어 있다. 특히 원서의 속표지(1쪽) 바로 다음 쪽(2쪽)에 나오는 인용문은 본문에서도 언급되었던 칼 폰 린네Carl von Linné(1707~1778)의 저작, 『식물의 조발Prolepsis Plantarum』(1760)(107절, 108절 참조)에서 발췌한 것으로, 그 내용은 다음과 같다.

"이 여정이 수시로 떠오르는 먹구름에 뒤덮여 있다는 사실을
저는 잊지 않습니다.
그러나 실험의 빛이 자주 비춘다면 이 구름은 쉽게 흩어질 것입니다.
그것은 자연이 언제나 한결같기 때문이지요.
비록 반드시 필요한 관찰이 부족하여
가끔 자연이 예외적 현상을 보일지라도 말입니다." [3]

- 린네『식물의 조발』-

"Non quidem me fugit nebulis subinde hoc emersuris iter
offundi, istae tamen dissipabuntur facile ubi plurimum uti

---

3 라틴어 원문 번역에 서강대학교 신학대학원의 이규성 교수님께서 도움을 주셨다.

licebit experimentorum luce, natura enim sibi semper est

similis licet nobis saepe ob necessariarum defectum observationum

a se dissentire videatur.

- Linnaei『Prolepsis Plantarum』-

이 내용은 괴테가 린네의 저작에서 발췌해서 인용한 것이지만, 괴테 자신의 심상을 그대로 반영한 글로 생각된다. 불확실성을 의미하는 먹구름을 지속적인 실험과 관찰로 극복하여 청명한 자연을 규명하자는 다짐은 린네나 괴테나 마찬가지였다.

목차의 주요 내용은 서론, 제1장 떡잎, 제2장 잎, 제3장 꽃, 제4장 꽃받침, 제5장 화관, 제6장 수술, 제7장 꿀샘, 제8장 수술(추가사항), 제9장 암술, 제10장 열매, 제11장 외피, 제12장 논평, 제13장 눈, 제14장 복합 꽃차례와 열매, 제15장 관생화(장미), 제16장 관생화(카네이션), 제17장 린네의 예측이론, 제18장 요약 등 총 18장 123절로 구성되어 있다.

내용의 분량과 상관없이 각 절의 수를 간략하게 종합해보면, 서론부

"Vorwärts und rückwärts
ist die Pflanze immer nur Blatt."
J.W. Goethe

괴테의『식물변형론』의 전체 내용을 한 장의 그림으로 보여주는 듯한 작약속*Paeonia* 사진. 작은 잎에서 출발하여 잎과 꽃받침, 그리고 꽃잎을 거쳐 열매와 씨에 이르기까지 일련의 과정을 표현하고 있다. (www.natureinstitute.org)

괴테의 식물변형론

가 총 9절, 잎이 총 19절. 꽃과 꽃받침, 화관 등이 총 17절, 수술이 총 12절, 암술이 총 7절, 꿀샘이 총 9절, 열매와 외피가 총 10절, 논평이 1절, 눈이 총 9절, 꽃차례가 총 9절, 관생화가 총 4절, 린네 이론이 총 5절, 최종 요약이 총 12절로 되어 있다. 그중 3장에서 9장까지 총 45절이 수술과 암술을 포함한 꽃에 관한 내용이다. 다시 말해 꽃과 직접적 관련이 있는 기관에 대하여 가장 많은 부분을 할애하며 설명하였다. 이것은 꽃이라는 기관의 중요성을 의미하는 것도 있겠지만, 식물의 변형을 설명하는데 가장 핵심적인 내용이 꽃이기 때문으로 판단된다.

보통 한 절이 3~5문장으로 구성되어 있고, 한쪽에 2~3절의 내용을 담았으며 각 절의 내용은 대부분 짧게 서술하였다. 전체 내용은 다른 저작에 비해 간략하여, 소책자(대략 A5 크기) 형식으로 출간한 것 같다.

『식물변형론』에서 풍기는 문체文體는 다른 과학 저작물들과는 조금 다른 양상인데, 그의 심상心狀이 드러나는 듯하다. 확신에 찬 어조로 현상을 설명하기보다는 매우 조심스럽고 정중하게 자신의 의견을 개진하고 있다는 느낌이다. 그것은 아마 그의 입지가 식물학자가 아닌 시인으로서, 아직 최종적이고 결정적이지 않은 이론을 제시한다는 불확실성에서 기인할 수도 있을 것이다. 또한 오랜 관찰 끝에 내린 결론일지라도 주변에 저명한 식물학자들이 오랫동안 쌓은 성과에 도전하는 이론이기 때문일 것이다. 그의 그러한 심경은 원제목, 『식물변형에 관한 시론試論/ Versuch die Metamorphose der Pflanzen zu erklären』에 잘 드러난다. 독일어 Versuch는 '시도', '노력'. '실험', '습작', '시론' 등의 뜻이 있는데, 제목을 좀 더 풀어쓰자면 '식물의 변형을 설명하려는 시도' 정도가 될 것이다. 물론 당시의 여타 과학자들의 저작물 제목 중에는 'Versuch'의 용례가 종종 등장하지만, 책으로 출간된 괴테의 독립된 저작 중에 'Versuch'가 제목으로 사용된 사례는 없다. 이는 제목 자체에서 아직 최종적이고 확정적인 결과물이 아니라는 여지를 남겨둔 수사로 여겨진다. 또한 과학계 거장들의 의견들을 적극 수용하고 『식물변형론』을 그들에게 헌사하고자 한다는 내용을 본문에서 밝히기도 하였다(9절). 이것은 자부심과 신념에 가득 차, 심지어 공격적 어운語韻을 유지하며, 주변에 자신의 최고 걸작이라

자찬했던 『색채론』에서 보여주었던 자신감과는 사뭇 다른 자세다.

또한 다른 과학 저작들과는 달리 『식물변형론』은 직렬식 서술이다. 그것은 대상이 생명체이고, 내용상 시간의 흐름이 중요했기 때문일 것이다. 그의 설명을 따라가다 보면, 땅속에 떨어진 씨앗이 싹을 틔워 줄기와 잎으로 자라고 꽃을 활짝 피운 후 단단한 열매로 영그는 전 과정이 눈앞에서 서서히 펼쳐지는 것처럼 느껴진다. 마치 '식물의 일생'이라는 한 편의 드라마를 보는 듯하다. 이는 글 전체의 구성이 시간적 과정에 따라 변화 양상을 보여주기 때문이거니와, 성장 과정 속에 나타나는 내적 경향과 외적 환경 사이의 부단한 교류와 인과관계 과정을 느린 화면으로 세밀히 펼쳐 보이기 때문일 것이다. 그 덕분에 독자들은 전과 후의 지속적인 변화의 연속성이 전체를 형성하는 『식물변형론』의 핵심을 자연스럽게 이해하게 된다.

자라나는 아이를 바라보듯이 애정 어린 시각으로 지켜본 식물의 관찰 방식은 곧 자신의 인생 회고로 이어졌다. 『식물변형론』의 서술 방식은 괴테의 자서전 『나의 생애에서. 시와 진실Aus meinem Leben. Dichtung und Wahrheit』의 전체 구성 방식의 모태가 되었다. 『나의 생애에서. 시와 진실』의 '추가 서문Nachträgliches Vorwort' 첫머리에 그는 『식물변형론』을 떠올리며 전체 구성을 생각했다고 밝히고 있다. '식물의 일생'이 그대로 '자신의 일생'에 투영된 것이라 할 수 있다.

"이제 이 세 권의 책들을 집필하기 전에, 나는 『식물변형론』에서 깨달은 원칙에 따라 구성하기로 생각했다. 첫 번째 책은 부드러운 뿌리를 뻗고 겨우 떡잎 몇 장만을 발달시켰던 어린 시절을, 두 번째 책은 싱싱한 녹색의 잎을 달고 점차 다양한 형태의 가지를 뻗게 되었던 소년 시절을, 그리고 세 번째 책에서는 이 활기찬 줄기에서 여러 꽃으로 피어나는 희망찬 청춘을 묘사할 것이다." - 『나의 생애에서. 시와 진실』 '추가 서문' 중

꽃을 사랑했던 괴테가 본격적으로 식물학에 관심을 두게 된 것은 대학 시절로 거슬러 올라간다. 스트라스부르대학에서 그는 전공 외에도 식

물학 강의를 청강했을 정도로 식물에 관심을 보였다. 특히 당대 식물학계의 거두였던 스웨덴의 식물학자 린네의 저작들을 두루 섭렵하며 식물 연구에 깊이 빠져들었다. 그 후로도 수시로 다양한 식물들을 보살피며, 스스로 정원을 꾸몄다. 특히 바이마르 시절에는 정원에 다양한 식물들을 가꾸며, 실지 요리 재료로 활용하였다. 그렇다고 식물이 관상과 식용의 대상만은 아니었다. 식물은 그에게 자연의 위대한 작동 원리를 이해하는 관찰의 대상이었다.

예나에서는 그의 식물학적 스승인 예나대학 교수 칼 바취August Johann Georg Karl Batsch(1761~1802)와 함께 식물과 환경 사이의 상관성을 연구하기 위해 정원을 새롭게 만들었다. 이른바 실험 정원이라 할 수 있는데, 식물의 기원과 발달, 그리고 기본 원리인 변형 과정을 시각화하기 위해 식물을 식재하고 다양한 실험을 시행하였으며, 이탈리아 여행에서 관찰했던 내용들을 이 정원에서 구현하고자 노력했다.

괴테가 직접 채집하고 표본을 만들어 학명을 써놓은 식물들(*Rubus odoratus, Clematis erecta*, 위키피디아).

그는 모든 감각을 총동원하여, 식물을 집중적이고 면밀히 관찰하고 빛과 어둠에 대한 반응을 실험하였으며, 자라는 과정을 세밀히 기록하였다. 이쯤 되면 그의 관찰은 겉모습만 살피는 관찰觀察이 아니라, 드러나지 않은 현상과 원리까지 샅샅이 들여다보는 탐찰探察이라 해야 옳을 듯하다. 그는 식물을 스케치하고 채집까지 하며 온전히 탐구와 저술에 매진하였다.

오랫동안 식물을 관찰했던 괴테는 수많은 식물의 형상을 일반적이고 단순한 원리로 역추적해보자는 생각까지 이르게 되었고, 그것이 『식물변형론』의 출발점이 되었다.

한편 『식물변형론』의 본문 내용 중 가장 길게 설명한 부분은 '제17장 린네의 예측 이론'에 관한 부분(111절 참조)이다. 원문에는 보통 각 절이 3~5문장인데 비해, 이 절은 11문장으로 구성되어 있으며 약 3쪽에 걸쳐 서술되어 다른 절에 비교하여 많은 분량이라 할 수 있다. 그만큼 그의 관점과 린네의 관점이 서로 다른 대척점을 이루고 있는 것으로 판단할 수 있다. 이를 이해하기 위해서는 그 당시 유럽 식물학의 큰 물줄기와 경향을 간략히 살펴볼 필요가 있을 것이다.

17세기부터 유럽에서 식물학의 주요 관심 주제는 크게 두 가지였는데, 하나는 번식과 생장 등의 식물 생체 활동에 집중한 '식물생리학' 분야와 또 하나는 식물을 기술하고 명명하며 분류하는 '식물분류학' 분야였다.

본문에 자주 언급되는 린네는 스웨덴 출신의 분류학자로 흔히 분류학의 아버지Father of Taxonomy로 불린다. 그는 괴테가 『식물변형론』을 쓰기 약 50여 년 전인 1735년에 『자연의 체계Systema Naturae』라는 소책자(총 14쪽)를 출간하였는데, 이 책에서 최초로 생물의 분류학적 카테고리인 강綱, 목目, 속屬, 종種, 변종變種 등을 설정하였다. 이 책은 1768년까지 총 12판을 인쇄하며 계속 보완되었으며, 1758년 제10판에 린네는 최초로 인간의 학명을 'Homo sapiens'라고 명명하였다. 1737년에는 『식물의 속Genera Plantarum』을, 그리고 1753년에는 『식물의 종Species Plantarum』을 출간하였는데, 일련의 중요한 저작으로 그의 명성은 전 유럽에 더욱 확고해졌다. 그의 가장 중요한 업적은 생물의 종과 속을 정의하고, 그전까지 장황하고 설명적이었던 동식물의 이름을 간단히 속명과 종명(종소명)으로 구성된 이명법二名法/binomial nomenclature[4]을 확립

---

4 사실 속명과 종명(종소명) 두 범주로만 이루어진 식물명명법은 1623년 스위스의 식물학자 카스파 바우힌Caspar Bauhin(1560~1624)이 『식물 극장 총람Pinax Theateri Botanici』에서 처음으로 사용했다.

함으로써 명명에 관한 체계를 마련한 것이다.

그 결과, 많은 사람이 린네의 분류 체계를 식물의 검색표처럼 활용하게 되었으며, 분류학Taxonomy이 하나의 학문 분야로 자리를 잡는 데 결정적 역할을 하였다. 그가 확립한 명명법은 전 유럽의 식물학계에 규범이 되었다. 린네의 애독자 중에는 프랑스의 철학자 장 자크 루소Jean Jacques Rousseau(1712~1778)도 있었다. 루소는 프랑스 왕립식물원에서도 채택한 이명법에 매료되어 지인들에게 소개하기도 하였으며, 아침 산책을 할 때, 손에는 돋보기를, 팔에는 린네의 『자연의 체계』를 끼고 다녔다는 일화는 당시 유럽 사회에 린네의 영향력이 얼마나 컸었던가를 증명한다.

그러나 성직자 집안 출신답게 린네는 생물종을 불변의 존재로 인식하여, 외형적인 특징에만 의존해 생물종을 분류하고, 종간의 계통이나 유연관계를 고려하지 않았다. 자연적 분류가 아닌 그의 인위적 분류는 결국 한계가 드러났다. 특히 식물의 생식기관에 의한 분류는 많은 오류를 낳았는데, 괴테도 이 대목을 지목하였다. 평소 린네의 서적들을 탐독했던 괴테는 『식물변형론』 책머리에 린네의 문구를 인용하며 그에 대한 존경을 표하면서도, 이에 대해서 그와는 다른 관점을 가지고 있었다.

"자연의 체계란 말은 모순된 표현이다. 자연은 어떤 체계를 가지고 있지 않으며, 생명을 품고 있고 그 자체로 생명체이다. 그것은 우리가 인식할 수 없는 중심에서부터 알 수 없는 한계선까지의 결과물이다. 그러므로 자연에 대한 고찰은 무한하여, 사람들은 작은 부분으로 나누어 다루거나 규모에 따라 그 전체를 추정하려 한다. 변형이라는 개념은 매우 고귀하면서도 위험한 천부天賦의 은총이다. ... 식물학에서 속屬으로 명명된 것을 관찰해보고, 그들이[5] 정한 분류 체계를 수용하더라도, 항상 나는 하나의 속을 다른 것과 동일한 방식으로 취급해서는 안 된다는 생각이 들었다. 내 생각에는 그 속屬에 속하는 모든 종種에서 그 특성이 다

---

5 린네를 포함한 분류학자들을 지칭한다.

시 발현되므로 합리적인 방법으로 접근할 수 있다는 생각이다. 이 속들은 변종에서도 큰 변화가 없으므로 주의를 기울을 필요가 있다. 용담속 龍潭屬이 그런 사례인데, 사려 깊은 식물학자가 이 속의 몇 종들에 대해 기술할 수 있을 것이다." –『형태학에 대하여Zur Morphologie』(괴테 지음, 1823) '과제와 응답Problem und Erwiderung' 중

결국 린네는 나중에 자신의 인위적 분류 방식의 오류를 인정했다고 한다. 사실 린네는 형태의 유사성과 차이점을 기준으로 식물을 세세하게 나누고 구분하여 이름 짓는 분류학자였다. 그러므로 생리학적 또는 형태학적 관점에서 식물의 상세한 메커니즘을 살피기 어려웠을 것이다. 하지만 생체 활동과 생리 기작 및 형태 변화에 골똘했던 괴테는 린네의 오류, 예컨대 꿀샘이나 예측이론 등에 관한 그릇된 해석을 놓칠 수 없었다(52절, 111절 참조). 그것은 주변 식물학자들과의 최신 정보 교환도 괴테에게는 큰 도움이 되었겠지만, 새로운 과학 장비인 현미경이 중요한 역할을 했을 것으로 추정된다. 괴테는 1770년경에 프랑스에서 제작된 루이 프랑수아즈 델레바레Louis-François Dellebarre사의 복합 현미경이나 1770년경 영국제 조지 아담스George Adams사의 복합 현미경 등을 식물 관찰에 사용했다(60절 참조).

물론 린네도 1750년경에 제작된 영국산 커프Cuff 현미경을 소유하고 있었다. 그러나 1905년 영국의 저명한 현미경학자 크리스프Frank Crisp 경이 "린네가 현미경을 사용했다는 말을 들어본 적이 없다."라고 영국『왕립현미경학회지』에서 보고한 것처럼, 식물을 연구하는 데 현미경을 거의 사용하지 않았다(Brian J. Ford. 2009). 그의 식물 분류는 거의 육안으로만 이루어졌고, 그 결과 현미경 도움 없이 식물 조직의 기능을 관찰하고 해석하는 데 큰 오류를 범한 것이었다.

1790년에『식물변형론』을 출간하고 십여 년이 흐른 뒤, 괴테는 자신의 과학적 분석을, 시적인 형식을 빌어 쓴『식물의 변형Metamorphose der Pflanzen』이라는 글과 몇 가지 단편적인 글을 추가하고『식물변형론』의 내용을 합쳐서 1817년에『형태학에 대하여Zur Morphologie』라는 논

고를 완성하였다. 이는 『식물변형론』의 발표 후에 그의 생각을 다시 한번 정리하여 형태학에 대한 자신의 이론을 정립한 결과물이라 할 수 있다. 이 논고를 통해 처음으로 '형태학形態學/Morphologie/morphology'이라는 용어가 이 세상에 탄생하게 되었으니, 괴테는 형태학의 창시자인 셈이다. 린네가 나무의 큰 줄기에서 세세한 가지로 뻗어나가는 길을 찾고자 노력했다면, 괴테는 거꾸로 잔가지와 줄기를 따라 저 안쪽의 근원인 뿌리를 향해 궁구한 사람으로 평가할 수 있을 것이다.

괴테는 형태학의 핵심을 다음과 같이 피력하고 있다.

"형태학은 존재하는 모든 것들이 자신을 드러내고 보여주어야만 한다는 신념에 근거한다. 최초의 물리적, 화학적 요소에서부터 인간의 가장 영적인 발현에 이르기까지 이 원칙은 유효하다. 형태에 관해 살펴보면,

Goethes Mikroskop.

괴테가 사용하던 현미경. 1770년경에 프랑스에서 제작된
루이 프랑수아즈 델레바레Louis-François Dellebarre사의 복합 현미경이다.

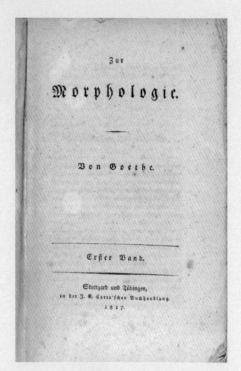

1817년 초판이 발행된 괴테의 『형태학Zur Morphologie』 속표지.

무기물이나 식물, 동물 및 인간 등은 모두 우리의 외적이나 내적의 감관
感官이 감지하는 대로 그 모습이 드러난다. 형태라는 것은 동적이며 생
성 과정이고, 또한 소멸하는 것이다. 그러므로 형태론은 변형론이다. 변
형론이란 모든 자연현상을 해석할 수 있는 열쇠이다." -『비교해부학-
동물학Vergleichende Anatomie -Zoologie』 '비교해부학 단상Fragmente
zur vergleichenden Anatomie' 중

  18세기 후반 유럽의 식물학계의 '생리학'과 '분류학'이라는 두 가지
의 흐름에, '형태학'이라는 또 다른 커다란 물줄기를 새롭게 추가한 인
물이 바로 인문학자 괴테였다. 스위스의 저명한 식물학자 오귀스탱 캉돌
Augustin-Pyrame de Candollé(1778~1841)은 '이 법칙(변형의 법칙)에
대한 발상이 처음 떠오른 건 … 이러한 종류의 관찰과는 상당히 거리가

괴테의 식물변형론

멀어 보이는 천재성을 지닌 한 사람, 저명한 시인 괴테 덕분'이라고 언급했다.(『철학자들의 식물도감』(장 마르크 드루앵 지음, 김성희 옮김) 212쪽)

'꽃은 잎이 변형된 형태'라는 괴테의 이론은 최근에 미국의 캘리포니아공과대학교Caltech의 마이어로위츠Elliot Meyerowitz 교수가 애기장대의 돌연변이에서, 그리고 영국의 존 이네스 센터John Innes Centre의 엔리코 코엔Enrico Coen 교수는 금어초 돌연변이에서 그 원리를 밝혀냈다.(『이일하 교수의 식물학 산책』(이일하 지음) 51쪽). 최신 과학기술로 무장한 분자생물학적 연구를 통해 괴테의 이론이 입증되기까지는 거의 200여 년이 소요되었다.(103절, 104절 참조)

린네가 하느님의 입장을 기억하며 철저히 '창조론'에 입각하여 생물을 연구한 과학자라면, 찰스 다윈은 창조론에서 완전히 벗어나 자연선택을 거쳐 진화한다는 '진화론'을 탄생시킨 과학자다.

괴테는 자연을 신앙의 눈으로만 바라보지 않고, 자신의 눈으로 바라보며 자연의 주체성을 강조했던 인문과학자였다. 씨앗에서 출발하여 오랜 시간과 노력을 투자하며 조금씩 변해가는 식물의 성장 과정은 다윈의 진화론을 최대한 압축하여 설명하는 듯하다. 그런 의미에서 본다면, 진화론의 초석을 놓았던 괴테의 과학사적 위치는 린네와 다윈의 중간자中間者로 설정할 수 있을 것이다.

식물 변형에 관한 시론試論

Versuch die Metamorphose der Pflanzen zu erklären

"이 여정이 수시로 떠오르는 먹구름에
뒤덮여 있다는 사실을 저는 잊지 않습니다.
그러나 실험의 빛이 자주 비춘다면 이 구름은 쉽게 흩어질 것입니다.
그것은 자연이 언제나 한결같기 때문이지요.
비록 반드시 필요한 관찰이 부족하여
가끔 자연이 예외적 현상을 보일지라도 말입니다."

- 린네『식물의 조발』-

"Non quidem me fugit nebulis subinde hoc emersuris iter
offundi, istae tamen dissipabuntur facile ubi plurimum uti
licebit experimentorum luce, natura enim sibi semper est
similis licet nobis saepe ob necessariarum defectum observationum
a se dissentire videatur."

- *Linnaei*『*Prolepsis Plantarum*』-

서문

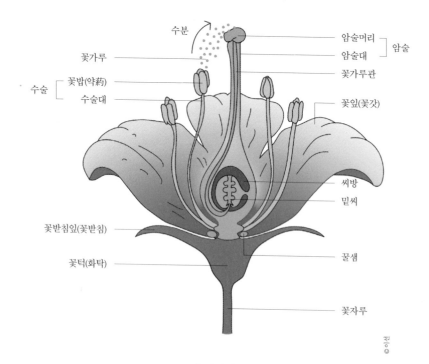

수분

꽃가루

수술 ⎡ 꽃밥(약藥)
      ⎣ 수술대

암술머리 ⎤ 암술
암술대 ⎦

꽃가루관

꽃잎(꽃갓)

씨방
밑씨

꽃받침잎(꽃받침)

꽃턱(화탁)

꿀샘

꽃자루

진용 ⓒ

꽃의 일반적인 구조

괴테의 식물변형론

1절

식물이 자라는 것을 어느 정도 관찰해본 사람이라면 종종 식물체 외부의 어느 부분들이 변하여 인접한 부분과 같거나 비슷한 형태로 변해 간다는 것을 쉽게 알 수 있을 것입니다.

2절

예를 들어 꽃잎이 수술대[6]와 꽃밥[7]으로 변하지 않고 꽃잎으로 계속 자라면, 홑꽃[8]이 대부분 겹꽃[9]으로 변합니다. 그런데 이 꽃잎들은 그 생김새와 색깔이 화관[10]의 다른 꽃잎들과 동일하거나, 그 기원을 눈으로도 확인할 수 있는 흔적이 여전히 남아 있습니다.

3절

이런 방식으로 식물이 성장 순서와는 반대로 자랄 수 있다는 것을 관찰할 수 있다면, 우리는 자연에서 일어나는 규칙성을 더욱 유심히 살피게 됩니다. 또한 어느 한 부분이 다른 부분으로부터 발생되고, 또 단 하나의 기관[11]이 변하여 다양한 모습을 보여주는 변형의 법칙을 깨닫게 될 것입니다.

---

6 수술대filament: 흔히 꽃실, 또는 화사花絲라고 한다. 수술의 한 부분으로, 생식세포인 꽃가루(화분pollen)를 만드는 장소인 꽃밥을 받치는 기관이다.

7 꽃밥anther: 약葯이라고도 한다. 꽃밥의 영어 명칭 anther는 라틴어 anthera에서 유래했는데, 이는 '꽃으로 만든 약'이라는 뜻이다. 수술은 수술대인 꽃실과 그 끝에 붙은 꽃밥으로 구성된다. 꽃밥은 4개의 꽃가루주머니, 즉 화분낭花粉囊/pollen sac이 하나로 융합된 것으로, 꽃가루주머니에서는 나중에 꽃가루가 되는 소포자를 만들어 낸다.

8 홑꽃: 꽃잎이 한 겹으로 된 꽃.

9 겹꽃: 장미나 국화처럼 꽃잎이 여러 겹으로 된 꽃.

10 화관花冠/corolla: 꽃받침 위에 여러 꽃잎들이 모여 전체적으로는 하나의 둥근 관을 이루는데 이를 화관, 또는 꽃갓이라 한다. 화관을 이루는 각각의 꽃잎은 화관瓣花瓣/petal이라 한다. 화관은 꽃받침 위에 생긴다. 바깥쪽에 있는 꽃받침잎과 꽃잎은 꽃의 안쪽에 있는 암술과 수술을 보호하는 부분으로, 이들을 합하여 꽃덮개 또는 화피花被/perianth라고 한다.

11 '단 하나의 기관'은 여기서 잎을 뜻한다.

4절

이와 같이 차례대로 발달하는 잎, 꽃받침, 화관, 그리고 수술 등 식물을 구성하는 여러 기관 사이에 드러나지 않는 유사성이 존재하다는 사실을 학자들은 오래전부터 파악하고 있었으며, 이를 실제로 연구한 사례도 있습니다.[12] 이렇게 하나의 동일한 기관이 우리 눈앞에 다양한 형태로 나타나는 작용을 식물의 변형이라 명명하였습니다.[13]

5절

식물의 변형에는 3가지 유형, 즉 규칙적인 것, 불규칙적인 것, 그리고 우발적인 것 등이 있습니다.[14]

6절

규칙적인 변형[15]을 순행적順行的 변형이라고도 할 수 있습니다. 그 이유는 맨 처음 떡잎에서부터 마지막 열매가 형성되기까지 항시 단계적으로 이행되고 마치 영적靈的 사다리를 오르는 것처럼 하나의 형태가 또 다른 형태로 변화되면서 자웅雌雄 두 생식기관에 의해 자연의 최종 목표인 변

---

12 괴테가 말하는 학자는 칼 폰 린네Carl von Linné(1707~1778)이다. 린네는 스웨덴의 생물학자로, 현대 분류학의 아버지라고 불린다. 1735년에 출간한『자연의 체계』에서 생물 이름을 속명과 종소명으로 구성된 이명법二名法으로 표기했다. 그는 이 책을 통해 이명법을 확립시켰으며, 1753년에 출간된『식물의 종』은 현대 식물 명명법의 시발점이 되었다. 그러나 사실 두 범주(속명, 종소명)로만 이루어진 식물 명명법은 1623년 스위스의 식물학자 카스파 바우힌이『식물 극장 총람』에서 처음으로 제창했다(제17장 107~111절 참조).

13 고대 그리스어에서 유래된 용어 '변형Metamorphose'은 형태의 변화를 의미한다. 고대 신화에서 사람이 다른 사물로 바뀌는 것을 뜻하는 것으로, 오비디우스Publius Ovidius Naso(BC 43~AD 17)의『변신 이야기』가 대표적이다. 그 후에도 이탈리아의 생리학자 말피기Marcello Malpighi(1628~1694)는 겨울눈이 변해 꽃이나 잎이 되는 현상을 변형이라고 했으며, 린네는 겹꽃도 변형의 일종이라 설명하였다. 그러나 이들은 변형이라는 용어에 대한 명확한 정의는 밝히지 않았다.

14 여기서 '규칙적인 것'은 식물의 정상적인 탈바꿈을, '불규칙적인 것'은 기형적인 사례를, 그리고 '우발적인 것'은 질병에 의한 사례를 뜻한다. 즉, 형태학적, 기형학적, 병리학적 관점에서 구분한 것이라 할 수 있다.

15 '규칙적인 변형'이란 식물의 정상적인 발달을 의미한다.

식에 도달하기 때문이지요. 이것은 제가 수년 동안 면밀히 관찰한 내용으로, 이제 이를 설명해 보려 합니다. 그러므로 앞으로의 논증에서는 씨앗에서부터 결실에 이르기까지 지속적으로 탈바꿈하는 일년생[16] 식물을 중점적으로 살펴보겠습니다.

7절

불규칙한 변형[17]은 역행적逆行的 변형이라고도 할 수 있습니다. 규칙적인 변형에서는 자연이 위대한 목표를 위해 앞으로 나아가지만, 불규칙한 변형에서는 한 단계 또는 몇 단계 뒤로 역행하기 때문이지요. 규칙적인 변형에서 자연은 억제할 수 없는 본능과 강한 의지로 꽃을 피우고 사랑의 결실을 준비합니다. 반면에 불규칙한 변형에서 자연은 마치 무기력해진 듯, 자신의 창조물[18]을 확실한 형상으로 결정하지 못하고 모호한 상태로 남겨두는 것 같습니다. 이런 상태는 우리가 보기에는 흥미롭지만, 내적으로는 무력하고 비활성적인 상태입니다. 우리는 불규칙한 변형을 살펴봄으로써 규칙적인 경우에서는 드러나지 않았던 것을 밝혀낼 수 있으며, 그동안 단지 추론에 그칠 수밖에 없었던 것을 명확히 볼 수 있습니다. 그러니 이런 방식으로 우리가 추구하는 바를 가장 확실하게 달성할 수 있기를 기대합니다.

8절

한편, 외부의 원인에 의해 우연히 발생하는 세 번째 변형은 주로 곤충에 의한 것인데,[19] 우리가 주목하는 주제의 흐름에서 벗어나 이 논고論告의

---

16 일년생—年生/anual: 1년 이내에 발아, 성장, 개화, 결실 과정을 거친 후 고사하는 식물을 말한다. 한해살이 식물이라고도 한다. 이는 괴테가 자신의 이론을 린네의 이론과 비교하는 데 중요한 기준점이 되었다(109절 참조). 그러나 본 논고 전체 내용을 살펴보면 일년생뿐 아니라 다년생의 관목류나 목본류도 내용 설명에 포함되어 있다

17 '불규칙한 변형'이란 자연 발생적으로 생겨난 비정상적 변형으로, 예컨대 15~16장에 설명할 장미, 카네이션 같은 관생화를 들 수 있다.

18 창조물: 여기서는 식물체를 가리킨다.

19 식물의 잎이나 가지 또는 열매에 벌레혹(충영蟲廮) 등이 발생하여 형태가 전혀 다른 모습

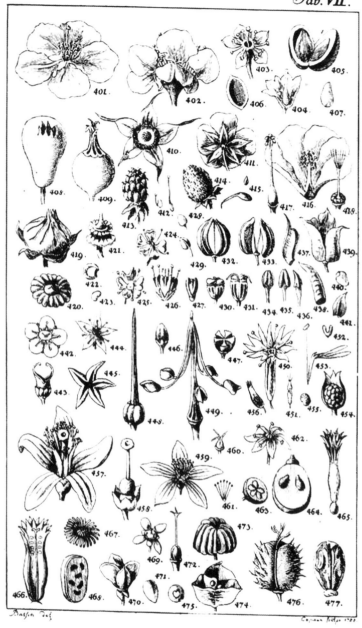

Tab. VII.

9절 | 당시 유행하던 도판(동판화 삽화) 사례. 괴테의 식물학적 스승이자 괴테가 원문의 각주에 직접
언급했던 칼 바취의 책에 수록된 다양한 꽃과 열매의 해설 도판(Batsch, 1788).

괴테의 식물변형론

목적을 혼란스럽게 할 수 있으므로 논외로 할 것입니다. 적당한 시점에 이처럼 기형적으로 비정상적 생육을 보이는 사례에 대해서 언급할 기회가 있을 것입니다.

9절

이번에는 내용을 설명하는 도판 없이 작성하지만,[20] 여러모로 고려해보면 도판이 필요할 듯합니다. 이 논고는 단편적인 고찰로서 아직 최종적인 것은 아니며, 이를 해명하고 더 진전시킬 자료가 충분하므로, 도판 삽입은 추후의 작업으로 남겨두는 것이 더 나을 것 같습니다. 그러면 지금보다는 좀 더 적극적으로 논의를 펼칠 수 있을 것입니다. 아울러 이 주제와 관련된 다수의 내용을 참고하고 같은 견해를 가진 저술가들이 수집한 여러 항목을 적소에 인용할 것입니다. 필자는 고귀한 과학 분야에서 높이 기리는 우리 시대 거장들의 견해를 무엇보다도 적극 활용할 것이며, 이 소고小考를 그분들께 헌사하는 바입니다.

으로 바뀌는 사례.

20 원문에는 '동판화Kupfer'라고 표기되어 있다. 당시에는 책의 중간이나 후면부에 관련 도판을 동판화로 제작하여 인쇄하는 경우가 많았다. 내용에 해당하는 사례를 도판을 통해 부연 설명하지 못하는 점을 아쉬워한 듯하다. 괴테의 또 다른 저작 『색채론』의 머리말에서도 도판의 중요성을 강조하였다. 이는 평소 글과 함께 그림으로 사물과 현상을 즐겨 표현했던 괴테의 방식을 재확인할 수 있는 부분이다.

제1장

떡잎[21]에 관하여

10절

식물의 성장 과정을 각 단계별로 관찰하기로 했으니, 첫 단계인 씨앗의 발아 순간부터 주목해 보겠습니다.[22] 이 단계에서는 씨앗을 직접 구성하는 부분을 쉽고 정확하게 식별할 수 있습니다. 씨가 발아되면 그 껍질[23]은 땅속에 남게 되는데, 이것은 살피지 않겠습니다. 뿌리가 땅속에 자리를 잡으면, 이미 씨앗 껍질 속에 감춰져 있던 첫 번째 기관이 햇빛을 향해 위쪽으로 자라기 시작합니다.[24]

11절

이 첫 번째 기관은 떡잎Cotyledon으로 알려져 있는데, 우리가 그것을 인식하게 되는 모습에 따라 명칭을 부여하면서, 종자판, 씨조각, 종자열편, 종자잎 등으로도 불러 왔습니다.

---

21 떡잎: 자엽子葉이라고도 한다. 떡잎은 씨앗 내에 있는 배胚/embryo를 구성하는 주요 부분이다. 쌍떡잎 식물에서 떡잎은 다양한 양분을 저장하고 있어 발아하는 과정에서 양분을 공급하는 역할을 하며, 외떡잎식물에서는 씨앗 내에 양분이 저장되어 있는 지점을 연결해주는 역할을 한다. 떡잎을 지칭하는 'Cotyledon'이란 용어는 괴테가 처음으로 사용한 것으로 알려져 있기도 하지만, 이탈리아 식물학자이자 물리학자였던 말피기Marcello Malpighi(1628~1694)가 처음으로 제창한 용어이다. 괴테는 한때 떡잎을 '태반胎盤/Placenta(라틴어), Mutterkuchen(독일어)'이라고 불렀다고 한다. 괴테는 본 논고를 발표한 후, '떡잎이 진 후에 눈이 나오지 않기 때문에, 떡잎은 잎이 아니다'라는 항의 편지를 독자로부터 받았다(『괴테와의 대화』(에커만 지음, 1830년 3월 1일)).

22 식물체는 크게 슈트계shoot system와 뿌리계root system로 구성되어 있다. 슈트계는 주로 지상에서 자라는 줄기, 잎, 꽃, 씨, 열매, 눈, 마디, 가지 등을 포함한다. 뿌리계는 슈트계를 고정시켜 주고 토양 속의 물과 무기물질을 흡수하는 뿌리로 구성되어 있다. 괴테의 본 논고는 슈트계를 중심으로 전개된다.

23 종피種皮/seed coat라고 하며, 씨를 둘러싸서 배를 보호하는 작용을 한다. 씨껍질(종피)은 식물 종마다 색이나 질감, 두께 등이 다르다. 씨껍질 두께와 단단한 정도는 수분이 얼마나 빨리 흡수되는가를 결정하기 때문에 씨앗 발아에 필요한 시간을 결정짓는 데 중요한 역할을 한다.

24 씨앗이 발아하는 과정에 떡잎이 땅속에 남아있는 경우를 자엽지하형hypogeal(자엽 지하발아)이라 하고, 떡잎이 지상으로 자라나 광합성이 가능한 경우를 자엽지상형epigeal(자엽 지상발아)이라고 한다.

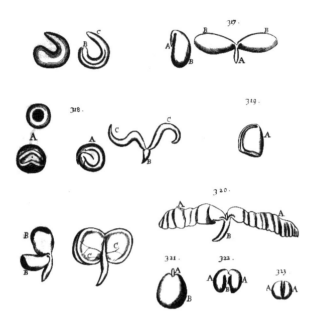

11절 | 말피기가 스케치한 각종 떡잎(Malpighi, 1679).

12절

천연물질로 채워진 떡잎은 종종 형태를 제대로 갖추지 않은 것처럼 보이고 두께도 폭만큼 두껍습니다. 떡잎의 관다발[25]은 눈으로 확인할 수 없고

---

25 관다발vascular bundle(유관속): 식물 뿌리에서 흡수한 흙 속의 물과 용해된 무기물질을 잎까지 운반하는 통로를 물관이라 하고, 물관이 모여 물관부를 구성한다. 또한 잎에서 광합성을 통해 만든 당이나 양분을 어린잎이나 꽃, 뿌리 등 활발하게 생장하고 있는 말단부분으로 보내는 통로를 체관이라 하며 체관이 모여 체관부를 구성한다. 이 물관부와 체관부를 합쳐 관다발, 또는 유관속維管束이라 부른다. 물관부는 물을 위쪽으로만 끌어 올리는 데 반해, 체관부에서는 용질을 식물체의 모든 방향으로 운반한다. 원문에 자주 언급되는 'Gefäß'는 당시 식물해부학적 용어에서 물관, 체관, 또는 관다발(유관속)등을 정확히 세분하지 않고 사용되는 경우가 많다. 괴테와 동시대를 살았던 하인리히 코타Heinrich Cotta가 1806년에 쓴 『식물 수액의 이동과 기능에 관한 자연관찰-목본류를 중심으로-Naturbeobachtungen über die Bewegung und Funktion des Saftes in den Gewächsen, mit vorzüglicher Hinsicht auf Holzpflanzen』이란 책에는 뿌리와 잎에서 흡수한 물과 기타 여러 물질이 이동하는, 즉 물관부와 체관부를 아우르는 관다발의 의미로 'Gefäß'를 정의하고 있다(60절 참조).

괴테의 식물변형론

떡잎 전체에서 거의 구별되지도 않으며, 떡잎은 잎과 유사한 점이 없어 별개의 기관으로 오인할 수 있습니다.

13절

그러나 대다수의 식물에서 떡잎의 형태는 잎과 유사합니다. 떡잎이 좀 더 평평해지고 햇빛과 공기에 노출되면 더욱 진한 녹색을 띠게 되며,[26] 그 안에 포함된 관다발은 더욱 눈에 띄게 두드러지고 잎맥[27]과 더 비슷해집니다.

14절

마침내 떡잎이 잎과 동일하게 보이기 시작합니다. 관다발은 매우 정교하게 자랄 수 있으며, 떡잎은 그 후에 발생하는 잎과 유사해서 별개의 기관으로 여겨지지 않고, 오히려 줄기에서 자라는 첫 번째 잎처럼 보입니다.

15절

그런데 마디[28]가 없는 잎이나 눈[29]이 없는 마디는 생각할 수 없으므로, 떡잎이 붙어있는 지점이 바로 식물의 진정한 첫 번째 마디라고 결론지을 수 있을 것입니다. 이것은 떡잎의 바로 아래에 어린 눈이 생기고 첫 번째 마디

---

26 떡잎이 햇빛을 받아 엽록소가 합성되기 때문에 진녹색을 띠게 된다. 우리가 즐겨 먹는 콩나물은 햇빛을 차단하여 키우므로 빛을 받지 못해 떡잎이 노란색을 띤다.

27 잎맥leaf vein: 엽맥葉脈이라고도 하며, 잎 안에 분포하는 관다발과 그것을 둘러싼 부분이다. 잎을 지탱하는 뼈대로서 수분과 양분의 통로 역할을 한다. 뿌리에서 올라온 각종 물질을 잎을 구성하는 세포에 전달하고 광합성을 통해 만들어진 물질을 다른 기관에 운반한다. 잎맥은 그 잎의 '지문指紋'과 같은 역할을 하여 식물의 분류에 자주 이용된다. 대부분의 쌍떡잎식물은 잎맥이 그물맥(망상맥netted venation)이고, 대부분의 외떡잎식물의 잎맥은 나란히맥(평행맥parallel venation)이다.

28 마디node: 줄기에서 잎이 달려있는 부분을 마디, 또는 절節이라고 하며, 하나의 마디와 연속된 다른 마디 사이에 있는 부분을 마디사이, 또는 절간節間/internode이라고 한다. 특히 벼과 식물(예: 대나무)에서 마디가 두드러진다. 줄기는 마디와 마디사이가 반복되어 형성된다.

29 눈(芽): 눈은 줄기 끝에 달린 끝눈(정아頂芽/terminal bud), 줄기와 잎 사이의 겨드랑이 부위에 형성되는 곁눈(측아側芽/lateral bud) 등이 있다. 곁눈을 겨드랑이눈(액아腋芽/axillary bud)라고도 한다. 곁눈은 나중에 곁가지로 발달한다.

15절 | 누에콩 떡잎(위키피디아).

에서 완전한 가지가 자라나는 식물인 누에콩[30]에서 확인할 수 있습니다.

16절

떡잎은 보통 2장입니다.[31] 그런데 여기서 주의할 점은 나중에 나타나는 더 중요한 특징이 있다는 사실입니다. 즉, 줄기에서 생기는 잎들이 서로 어긋나게 배열되더라도 이 첫 번째 마디[32]의 잎들은 흔히[33] 쌍을 이룬다

---

30 누에콩*Vicia faba*: 북아프리카와 서남아시아 원산의 콩으로 일명 '잠두蠶豆'라고도 불린다.
   일년생으로 콩깍지의 길이는 약 10~20cm에 달한다.

31 일반적으로 쌍떡잎식물에 해당되는 표현이다. 쌍떡잎식물 중에서 산형과나 미나리아재비
   과처럼 간혹 떡잎이 1장인 경우도 있다. 외떡잎식물은 말 그대로 떡잎이 1장이다.

32 첫 번째 마디: 첫 번째 잎인 떡잎이 붙어있는 마디, 즉 자엽절子葉節/cotyledonary node을
   가리킨다.

33 괴테의 원문에는 '흔히oft'라고 표현되어 있지만, 사실은 '항상immer'이라고 해야 맞다.

괴테의 식물변형론

는 사실이지요. 처음에는 줄기의 잎들이 서로 인접해서 모여 있지만, 나중에는 서로 분리되어 간격을 두고 떨어지게 됩니다. 더욱 주목할 만한 것은 떡잎들이 하나의 축軸을 중심으로 모여 있는 여러 작은 잎처럼 보이는 반면, 가운데에서 점차 자라나는 줄기에는 그 둘레에 잎이 하나씩 계속 생겨나는 모습입니다. 이 같은 사례는 소나무속Pinus 식물이 자라는 과정에서 매우 정확하게 관찰할 수 있습니다. 이때는 바늘잎들이 둥근 화관花冠처럼 배열되어 흡사 술잔 모습처럼 보입니다.[34] 차후에 이와 유사한 현상이 나타날 때 이를 다시 한번 논의하도록 하지요.[35]

17절

외떡잎식물에서 아직 제대로 형태를 갖추지 못한 개개의 주요 부분에 대해서는 여기서 논외로 하겠습니다.[36]

18절

한편 떡잎은 아무리 잎과 비슷하더라도 나중에 줄기에 생기는 잎에 비해서는 항상 미숙한 상태라는 것을 알 수 있지요. 무엇보다도 떡잎 가장자리가 매우 단순하고 톱니 모양의 흔적도 없으며, 표면에 나 있는 털이나 제대로 발달한 잎에서 관찰할 수 있는 관다발도 찾아볼 수 없으니까요.

---

34 소나무속Pinus 식물들은 떡잎이 다수(5~24개)이다. 지상에 올라온 떡잎은 5개 이상의 바늘잎이 사방으로 퍼지며 뻗어 올라 마치 왕관이나 화환과 같은 모양을 형성한다. 괴테의 『이탈리아 기행』에는 이와 관련된 기록이 있다. 그는 "소나무의 씨는 아주 독특한 방식으로 싹이 텄다. 마치 달걀 속에 싸여있는 모습으로 솟아오르더니, 곧바로 깍지를 벗어버리고 녹색의 바늘잎 관冠 속에서 미래의 운명이 시작되는 것을 알려주었다(1787년 5월 17일, 나폴리, 'Störende Naturbetrachtungen')."라고 설명하며 소나무 씨앗의 발아 과정을 호기심 있게 살펴보았다.

35 33절 참조.

36 외떡잎식물은 1개의 잎으로만 발아하는 식물로, 단자엽식물이라고도 한다. 괴테는 본 논고에서 주로 쌍떡잎식물을 대상으로 기술하였으며, 외떡잎식물에 관해서는 나중에 『외떡잎식물의 특성Eigenschaften der Monokotyledon』이라는 짧은 글을 썼다.

제2장

줄기 마디마다 발달하는 잎의 형성

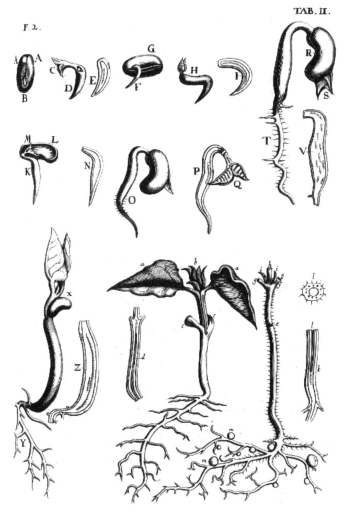

19절 | 말피기가 스케치한 각종 떡잎과 첫 번째 잎(Malpighi, 1679).

19절

자연에서 점진적으로 일어나는 작용은 그 결과가 전부 우리 눈앞에 펼쳐지기 때문에 잎이 연속적으로 자라나는 것을 이제 정확하게 관찰할 수 있습니다. 떡잎이 나온 다음에 생기는 잎들 중 일부 또는 다수가 이미 씨앗 속에 들어 있으며, 떡잎 사이에 둘러싸여 있기도 합니다. 서로 접힌 상태로 있는 이것을 어린싹,[37] 즉 유아幼芽라고 합니다. 어린싹의 모습은 떡잎이나 다 자란 잎들과 비교하면 식물에 따라 다른 모습을 띕니다. 그러나 어린 싹이 떡잎과 구별되는 점은, 납작하고 부드러우며 나중에는 대개 진정한 잎으로 자란다는 점이지요.[38] 또 이 잎들은 완전히 녹색으로 변하고 뚜렷한 마디에 달려있으며 뒤이어 자라게 될 줄기잎[39]과 닮았다는 점은 확실합니다. 그러나 주변부나 가장자리가 완벽하게 형성되지 않았다는 점에서는 여전히 줄기잎보다는 미숙한 상태입니다.

20절

이제부터 마디마다 잎이 계속 발달되는데, 이때 주맥主脈[40]은 길어지고 거기서 갈라져 나온 측맥側脈[41]은 가장자리 쪽으로 조금씩 뻗어나갑니다. 이처럼 서로 다른 잎맥 사이의 관계는 잎이 다양한 형태로 발전하는데 가장 중요한 원인이 됩니다. 이제 잎은 가장자리가 들쭉날쭉하거나 깊이 파인 모양을 보이며, 또 작은 잎이 여럿 모여 발달한 것[42]은 완벽한 작은 가지의 모습을 띕니다.[43] 가장 단순한 잎의 유형을 가졌지만, 그 잎이 연속적으로 발달하며 가장 다양한 형태를 보여주는 경우가 있습니다. 그 대표적 사례를 바로 대추야자[44]에서 찾을 수 있습니다. 잎이 계속 자라면서 주맥은 뚜렷해지고, 부채꼴 모양의 단순한 잎은 찢어지고 갈라져서 분지된 것처럼 매우 복잡한 잎으로 성장합니다.

---

37 어린싹: 씨앗 속에는 2개의 떡잎이 거의 대부분을 차지하고 그 사이에 작은 씨눈의 축, 즉 배축胚軸이 있다. 배축 끝의 첫 번째 어린싹이 자라 나중에 줄기와 잎으로 자란다. 이 어린싹을 괴테는 Federchen(작은 깃털)로 표현하였다. 어린싹은 작은 깃털 모양을 하고 있고, 영어식 표현도 small feather(작은 깃털)이다. 식물학에서는 유아幼芽/plumule라고 한다.

38 다양한 양분을 저장하고 발아 과정에서 영양분을 공급하는 떡잎은 발아 후 시간이 지나면 그 기능을 상실하고 떨어지거나 땅속에서 썩는다.

39 줄기잎: 줄기에 생기는 잎으로 경생엽莖生葉, 또는 간단히 잎이라고도 한다.

40 주맥: 잎의 한가운데 있는 가장 굵은 잎맥(엽맥)으로, 중앙맥이라고도 한다.

41 측맥: 가운데 주맥에서 좌우로 갈라져 가장자리로 향하는 잎맥(엽맥).

42 '작은 잎이 여럿 모여 발달한 것'은 복엽複葉/compound leaf를 뜻한다. 잎은 잎몸의 모양에 따라 단엽單葉/simple leaf과 복엽으로 구분하는데, 단엽은 잎몸이 하나로 되어있는 잎을 말하며, 복엽은 잎몸이 여러 개의 작은 잎(소엽)으로 나뉘어 있는 잎이다.

20절 | 괴테가 설명하고자 했던 부채야자 잎.

---

43 '완벽한 작은 가지의 모습'은 복엽 중에서도 아까시나무와 같은 우상복엽羽狀複葉에서 볼
   수 있다. 우상복엽은 소엽들이 가운데 있는 잎자루(엽병), 즉 총엽병總葉柄(엽축)을 따라서
   쌍으로 나 있어 깃털모양을 하고 있다. 괴테는 이 총엽병을 마치 소엽을 달고 있는 '작은 가
   지'로 표현한 듯하다.

44 괴테가 본문에서 'Dattelpalme(대추야자)'로 표현했지만, 실제로는 '지중해 부채야자
   Chamaerops humilis'이다. 뒤이어 설명하는 '부채꼴 모양의 단순한 잎은 찢어지고 갈라져서'
   라는 문장이 이를 뒷받침하고 있다. 대추야자*Phoenix dactylifera*는 주로 서아시아와 북아프

21절

잎 자체가 발달하는 과정에 잎자루도 생겨나는데, 잎자루는 잎에 붙어 있거나 나중에 쉽게 분리되는 특별한 형태의 작은 꼭지를 형성합니다.

22절

이 독립된 잎자루 또한 잎과 같은 형태로 변하는 경향이 있다는 것을 여러 식물에서 볼 수 있는데, 예컨대 감귤류가 그렇습니다.[45] 나중에 더 살펴볼 필요가 있겠지만, 잎자루의 구조는 여기서 다루지 않겠습니다.

23절

탁엽(托葉)[46]에 대해서도 상세한 내용은 생략하겠으나, 특히 탁엽이 잎자루의 일부를 구성할 경우, 나중에 잎자루가 변함에 따라 탁엽도 함께 변형될 수 있다는 점만 간단히 언급해 두겠습니다.

24절

식물의 잎이 처음으로 영양분을 얻는 것은 주로 줄기에서 끌어 올려 수분을 함유한 다소 변형된 조직들 덕분입니다. 아울러 잎이 크게 발달하고 제대로 자라기 위해서는 햇빛과 공기의 역할 또한 중요합니다. 밀폐된

리카에 분포하는 상록교목으로, 키가 약 20~25m에 달하며 잎은 우상복엽이다. 이에 반해 부채야자는 지중해 연안에 자생하는 유럽의 유일한 야자나무European fan palm로 키가 2~3m에 달하며 잎은 이름처럼 '부채꼴'로 퍼지는 장상엽이다. 키가 작아 '난쟁이 부채야자'라는 별칭도 있다. 괴테는 이 부채야자를 이탈리아 여행 중 1787년 파도바Padova 식물원에서 처음 마주했다. 파도바 식물원 정원사는 괴테의 부탁을 받고 이 부채야자의 일부분을 잘라 주었으며, 괴테는 종이 상자에 넣어 독일로 가지고 왔다고 한다. 그는 '하나의 줄기에서 창 모양의 잎들이 사방으로 퍼져 완벽히 부채꼴 모양을 한 부채야자'에 대한 감동을 후에 다시 한번 언급하였다. 파도바 식물원에는 지금도 괴테가 처음 접했던 부채야자가 자라고 있다. 괴테의 작품에 등장하는 야자나무라 하여 '괴테 야자Goethe's Palm'라고도 불린다.

45 잎자루에 마치 날개처럼 작은 잎 모양으로 달린 것을 가엽假葉, 또는 위엽僞葉/phyllodium이라고 한다. 감귤류에서 자주 볼 수 있다.

46 탁엽托葉: 잎자루 아래쪽에 달린 작은 잎사귀 형태의 구조로 '턱잎'이라고도 하며 새로 날 잎이나 눈을 보호하기도 한다.

22절 | 감귤류의 잎자루에서 흔히 나타나는 가엽(위엽).
당유자나무의 잎자루에 날개처럼 달린 것이 가엽이다.

종피種皮 안에서 형성된 떡잎은 이른바 천연 그대로의 수액[47]으로 채워
져 있으며, 거의 조직화되어 있지 않아 덜 자란 상태입니다. 그러므로 물속

---

47 '천연 그대로의 수액'이란 무엇인가를 더 첨가하거나 가공하지 않은 수액으로, 뿌리에서 흡
수된 흙 속의 물과 용해된 무기물질로 구성되어 있다. 원문에는 수액이 'Saft'로 표기되었다.
독일의 자연과학자이자 산림학자였던 보르크하우젠M. B. Borkhausen(1760~1806)이 집

25절 | 입맥이 서로 합쳐져 그물 모양을 나타내는 보리수*Ficus religiosa*의 문합.

에서 자라는 잎은 대기 중에서 자라는 것보다 조직이 세분화되어 있지 않습니다. 같은 종이라도 저지대의 다습한 곳에 자라는 식물은 잎이 좀 더 매끄럽고 단순한 형태로 발달합니다. 그런데 이 식물을 고지대에 심으면 거칠고 털이 나며 좀 더 세분화된 형태의 잎으로 자라게 되는 것입니다.[48]

필한 당시의 『식물학 사전Botanisches Wörterbuch』(1797)에 따르면 'Saft'를 2가지 유형으로 설명하고 있다. 하나는 모든 관다발에 흐르는 함수성 액체로 마치 식물의 혈액과도 같은 것으로, 다른 하나는 식물 속의 특별한 액체로 고유한 분비조직에서 분비하는 액체, 즉 무화과나무에서 분비하는 유액, 벚꽃류에서 분비하는 점액, 가문비나무 등에서 분비하는 송진 등을 뜻하는 것으로 설명되어 있다. 역자는 본문 전체 내용을 감안하여 첫 번째 '관다발에 흐르는 함수성 액체'로 판단하고 '수액'으로 번역하였다.

48 괴테가 이 글을 쓰기 바로 전 이탈리아 여행 도중 남긴 기록에도 위의 내용과 비슷한 글이 있다. "나는 산의 고도가 식물에 영향을 미칠 수 있다는 사실에 주목하게 되었다. 거기서 나는 새로운 식물을 발견했을 뿐 아니라, 예전에 보았던 식물의 생육 형태가 달라진 것

25절 | 자라는 장소에 따라 두 가지 형상의 다른 잎을 형성하는 물미나리(Thomé, 1885).

25절

이와 마찬가지로 엽맥에서 출발하여 말단부에서 서로 통합되어 잎의 표피조직을 형성하는 것을 관다발 조직의 문합吻合[49]이라 하는데, 여기에는 여러 요소들이 작용하지만, 기체가 중요한 역할을 합니다. 물속에서 자라는 대다수 식물의 잎들이 실 모양, 또는 사슴뿔 형태를 띠는 경우, 이를 완전한 문합이라고 말하기는 어렵습니다. 물미나리*Ranunculus*

을 발견했다. 저지대에서는 가지와 줄기가 더 억세고 무성하며, 눈이 더 촘촘하게 나 있고, 넓은 잎을 가졌다면, 해발고도가 높아질수록 가지와 줄기는 더 연약해지고, 눈은 서로 떨어져 있어 마디 사이가 좀 더 길어지며, 잎 모양은 피침형으로 변했다.(『이탈리아 기행 Italienische Reise』 '1786년 9월 8일, 브레너Brenner')." 이 관찰을 통해 해발고도와 그에 따른 식물의 형태변화 사이의 연관성에 유념한 그의 시각에 주목하게 된다.

49 문합吻合/anastomosis: 한자를 그대로 풀이하면 '입술을 합한다.'라는 뜻으로, 소화관처럼 속이 비어있는 장기를 서로 이어주는 행위를 말하는 의학용어로 자주 쓰인다. 식물학에서는 엽맥이 서로 합쳐져 그물 모양으로 서로 연결되어 있는 현상을 말한다. 엽맥(관다발 조직)은 물관부와 체관부로 구성되어 있으며, 그중 물관 세포(도관절vessel member)들은 양쪽 끝에 가로로 놓여있는 세포벽(끝벽, 또는 횡벽end wall)들이 있는데, 이 세포벽들이 서로 연결되어 하나의 긴 물관이 형성된다. 이처럼 물관 세포들의 끝벽이 서로 맞물려서 연결되는 현상을 문합이라 한다. 앙코르와트 사원에서 줄기와 뿌리가 서로 뒤엉켜 자라는 교살자무화과Strangler fig의 형상도 문합이라고 부른다.

*aquaticus*의 성장에서 그 예를 뚜렷하게 확인할 수 있지요. 물속에서 자라난 물미나리의 잎은 실 모양의 엽맥으로 형성되지만, 물 밖에서 자라는 잎은 문합이 완전히 이루어지고 서로 붙어있는 넓은 잎을 형성합니다. 실제로 이 식물의 잎에서 반은 문합되고 또 반은 실 모양의 잎을 보이는 변형 과정을 명확하게 관찰할 수 있습니다.[50]

26절

잎이 다양한 기체[51]를 흡수하여 내부에 있는 수분과 결합시킨다는 것은 잘 알려진 사실입니다. 또한 잎이 이 양질의 수액을 줄기로 다시 보내 인접한 눈의 발달을 적극 촉진시킨다는 사실은 의심할 여지가 없습니다. 이는 여러 식물의 잎과 속이 빈 줄기의 구멍에서 발생하는 기체의 종류를 조사한 결과로 확인된 것입니다.

27절

우리는 하나의 마디가 다른 마디로부터 발생한다는 것을 여러 식물을 통해 확인할 수 있습니다. 이것은 식물 줄기의 중심부가 전체적으로 비어있거나, 속髓/pith[52] 또는 세포 조직으로 차있는 경우보다 줄기가 마디로 분절된 식물에서 잘 나타납니다. 이런 사례는 곡물류, 화본과 식물, 갈대류 등에서 찾을 수 있습니다. 예전에는 속이 식물의 내부 조직에서 중요한 위치를 차지한다고 여겨졌지만 그 중요성에 대해서는 논란이 있는데, 그에 대해서는 타당한 이유가 있다고 생각합니다.[53] 결국 속이 식물 생장에

---

50 위에 설명한 물미나리처럼 미나리아재비속*Ranunculus*의 식물에서 물 밖의 대기 중에 노출되어 있는 잎은 넓고 두꺼우며, 훨씬 덜 갈라진 반면, 물속에 잠긴 잎은 장식용 레이스처럼 심하게 갈라져 있다. 이는 물속 잎이 표면적을 최대한으로 증가시켜 햇빛과 이산화탄소를 흡수하기 위해 여러 갈래로 갈라졌기 때문이다. 이처럼 환경의 차이 때문에 하나의 식물체에 두 가지 형태의 잎이 형성되는 것을 잎의 이형성二形性/dimorphism이라 한다.

51 잎은 탄소동화작용을 위해 이산화탄소를 흡수한다.

52 속髓/pith: 식물 줄기나 가지의 중심부에 위치한 유조직으로, 관다발로 둘러싸인 안쪽 부분을 말한다. 수髓라고도 한다.

53 괴테는 원주에 "Hedwig, in das Leipziger Magazins drittem Stück."라고 표기하였다. 요하네스 헤드빅Johannes Hedwig(1730~1799)은 독일의 의학자이자 식물학자로, 현대 선태학

영향을 끼친다는 추론은 인정되지 않았으며, 모든 생장과 발생의 동력은 두 번째 수피 안쪽 부분, 이른바 유조직柔組織[54]이라는 것이 확실해졌습니다. 따라서 현재는 윗부분의 마디는 이전에 형성된 마디에서 생겨나고, 이전 마디를 통해 좀 더 정제된 수액을 받아들이며, 그 마디는 그동안 자라난 잎의 작용으로 더 섬세해져 잎과 눈에 양질의 수액을 보낸다는 사실도 더욱 분명해졌습니다.[55]

28절

이런 방식으로 조악한 액은 계속 배출되고 정제된 액은 유입되면서 식물은 점차 더 정교하게 자라나서 자연이 준비해 놓은 지점에 도달하게 됩니다. 마침내 우리는 잎이 최대한 커지고 형태도 완벽해지는 것을 보았으며, 이제 곧 새로운 현상을 발견하게 될 것입니다. 그것은 바로 지금까지 관찰했던 단계가 끝나고 곧이어 두 번째 단계, 즉 꽃의 시대가 도래하고 있음을 알려줍니다.

蘚苔學/Bryology의 창시자로 불린다. 그는 1781년 『박물학, 수학, 경제학에 관한 라이프치히 매거진Leipziger Magazin zur Naturkunde, Mathematik und Oekonomie』의 기고문에 "식물의 속髓이 잎이나 열매를 맺게 하고 그것을 촉진시킨다는 생각은 가장 큰 오류 중 하나다."라고 린네의 견해를 비판하였다. 괴테가 원문 각주에 『Leipziger Magazins』라고 간단히 표기한 책이 바로 이 책이다(111절 참조).

54 유조직柔組織/parenchyma: 식물의 기본조직 대부분을 차지하는 조직으로, 유세포로 구성되어 있다. 예를 들어 과육, 줄기의 속, 잎살 등이 대표적인 유조직이다. 유연조직柔軟組織이라고도 한다. 이 두 번째 수피 안쪽 부분의 유조직은 현재 형성층形成層/cambium이라 부른다. 형성층은 식물의 껍질 바로 안쪽에 존재하는 얇은 분열조직으로, 부름켜라고도 하는데, 여기서 새로운 세포가 만들어지기 때문에 식물이 부피생장을 하는 데 결정적 역할을 한다.

55 괴테가 본고에서 주장하는 수액에 관한 견해Säftelehre는 체액론體液論/humorism을 주장한 히포크라테스Hippocrates와 연금술사이자 본초학자였던 파라셀수스Paracelsus의 영향을 받았다. 그의 작품 『파우스트』에 등장하는 유리 속 인조인간 호문쿨루스Homunculus는 파라셀수스를 모델로 하여 만들었다고 한다. 괴테는 유기물과 무기물의 근본적 차이는 '체액'의 여부라고 생각하였다.

제3장

꽃으로의 이행[56]

29절

잎이 꽃으로 변해가는 과정은 빠르게, 또는 서서히 일어날 수 있습니다. 서서히 진행되는 경우에는 대개 줄기에 달린 잎들이 가장자리에서 다시 수축[57]되기 시작하여, 특히 다양하게 갈라지는 부분이 없어지는 것을 알 수 있습니다. 반면에, 줄기에 붙어있는 잎의 아래쪽은 다소 확장되는 편입니다.[58] 동시에 절간節間[59]이 그다지 길어지지는 않지만, 적어도 예전보

---

56 '꽃으로의 이행'은 잎이 꽃잎으로 변하는 과정을 말한다. 꽃은 하나의 독립된 꽃으로부터 여러 개의 꽃이 집단을 이루는 꽃차례로 진화하였다. 꽃차례는 화서花序/inflorescences라고도 하는데, 1개 이상의 꽃들이 모인 상태, 또는 가지에 붙어있는 꽃의 배열 상태를 말한다. 단일 꽃을 단수라고 한다면, 꽃차례는 복수의 의미가 있다. 독자들의 이해를 돕기 위해 문맥에 따라 '꽃' 또는 '꽃차례' 등으로 번역하였다.

57 수축: 『식물변형론』의 핵심 용어이며 본문에 자주 등장하는 수축은 독일어 'Zusammen-ziehung'을 번역한 것이다. 독일어 'zusammenziehen'을 흔히 '수축시키다', '끌어당겨 합치다'로, 'Zusammenziehung'을 '수축', '수렴' 등으로 해석한다. 수축은 단지 규모나 부피가 줄어든다는 의미가 있는 반면, '응축'은 에너지나 어떤 물질의 핵심이 모이고 쌓인다는 뜻과 더불어 형태와 기능도 변하는 성질을 내포하고 있다. 예를 들면 '염색질이 응축하여 염색사가 되고 이것이 나사 모양으로 꼬여 염색체가 된다.' 또는 '태양에서 떨어져 나온 물질이 응축하여 행성이 형성되었다.' 등과 같은 표현처럼 한데 엉겨 붙어 형태가 변화되거나 쌓인다는 의미도 있다. 따라서 본문에 표현된 'zusammenziehen'이나 'Zusammenziehung'을 '수축하다', '수축' 등으로 번역하는 것이 괴테의 사유를 온전히 담을 수 있을까 하는 의문이 들었다. 더구나 괴테가 지구를 들숨과 날숨을 쉬는 유기체로 해석하고 대기 수분과의 상관성을 논하기도 하였으므로, 수축이라는 용어보다 응축이 더 적합한 용어로 여겨지기도 했다. 그럼에도 일반적으로 응축은 화학적 변화의 뉘앙스가 강한 용어로 굳어진 상태이므로 본문에서 사용하기는 적절치 않은 것으로 판단되어 수축으로 번역하였다. 한편 수축Zusammenziehung의 대립 개념인 'Ausdehnung'은 팽창, 또는 확장이라는 뜻이 있다. 수축의 반대말이 팽창인데, 팽창은 열역학적인 측면의 물리학적 용어로, 질량은 변하지 않으면서 부피가 커지는 것을 뜻한다. 수축의 이항대립 개념으로 팽창이 옳겠으나, 이 용어 역시 기체나 고체 등이 부풀어 오른다는 의미로 자주 사용하다 보니 그 의미를 담아내지 못하는 것 같다. 결국 수축의 이항대립 개념으로는 팽창보다는 확장이 더 적절한 것으로 판단되어 'ausdehnen'을 '확장하다'로, 'Ausdehnung' 을 '확장'으로 옮겼다.

58 괴테의 이론으로는 잎이 꽃으로 변하기 위해서는 먼저 꽃받침 과정을 거쳐야 한다는 것이다. 이때 잎의 가장자리의 세밀하게 갈라진 부분은 점차 수축하여 톱니 같은 거치鋸齒 부분은 사라지고, 아래쪽의 가느다랗던 잎자루 부분은 확장되어 넓어지며 조금씩 꽃받침으로 변해간다는 것을 표현하였다. 대표적인 사례로는 코스모스 잎과 꽃받침 형태일 것이다. 코스모스 잎은 실처럼 세밀하게 갈라져 있지만, 꽃받침잎은 가장자리가 깊게 갈라지지 않고 꽃받침 아랫부분은 넓어, 마치 다른 식물의 잎처럼 변한 모습이다. 이런 잎의 형태 변화를 괴테가 설명한 내용으로 이해할 만하다.

59 절간節間/internode: 줄기에서 잎이 달려 있는 마디와 마디 사이.

다는 더욱 섬세해지고 가늘게 발달된 것을 볼 수 있습니다.

30절

식물에 거름을 자주 주면 개화가 늦어지는 반면에 다소 부족한 듯 주면 개화가 촉진된다는 것이 밝혀졌습니다. 이것은 전술한 바와 같이 줄기에 달린 잎의 역할을 더욱 분명하게 보여줍니다. 식물은 천연의 수액을 뽑아 올려야 하므로 그에 필요한 기관을 계속 만들어내야 합니다.[60] 식물에 과도한 영양분을 공급하면 이 과정이 계속될 수밖에 없어, 급기야 꽃이 피지 못할 수도 있습니다. 반대로 영양분을 공급하지 않으면 개화 과정은 원활하고 또 단기간에 이루어집니다. 마디 부분의 기관들, 즉 잎은 섬세해지고, 수액은 더욱 깨끗해져 강력한 작용으로 여러 부분이 변형될 수 있으며 이 변화는 계속 진행됩니다.

---

60 여기서 '필요한 기관'이란 줄기잎을 말한다. 수액을 뽑아 올리는 줄기잎이 계속 발생되는 한 개화는 지연될 수밖에 없다는 의미이다.

제4장

꽃받침의 형성

31절

우리는 이러한 변형 과정이 신속하게 진행되는 것을 종종 볼 수 있는데, 이 과정에서 줄기가 맨 뒤에 나온 잎의 마디에서 위로 단숨에 커지며 세분화됩니다. 한편 줄기 끝에는 축을 중심으로 모인 여러 개의 잎이 달립니다.

32절

꽃받침잎[61]은 이전에 잎으로 발달하던 것과 같은 기관이지만,[62] 이제 하나의 축을 중심으로 모여 전혀 다른 모습을 띠는 경우가 간혹 있습니다. 이 사실은 명확하게 증명할 수 있을 것으로 봅니다.

33절

자연에서 일어나는 이와 유사한 결과를 우리는 이미 떡잎에서 관찰했는데,[63] 여기서는 여러 장의 잎과 마디도 어느 한 점을 중심으로 서로 가깝게 모여있는 것을 발견했습니다. 가문비나무속Picea에서는 다른 식물의 떡잎과는 달리 씨가 발아하면서 아주 잘 발달된 뚜렷한 바늘잎이 방사상으로 배열된 모습을 띱니다[64]. 우리는 이미 유식물幼植物[65] 단계에서 나중에 꽃을 피우고 열매를 맺게 하는 자연의 힘을 미리 가늠하게 됩니다.

---

61 꽃은 꽃잎(화판)과 꽃받침잎(악편)의 보호부분과 암술(자예)과 수술(웅예)의 생식부분으로 구성되어 있다. 꽃받침잎들의 전체를 꽃받침이라하며 꽃잎들의 전체를 꽃부리(화관, 꽃갓)라고 한다. 꽃받침잎은 '꽃받침조각'이라고도 한다. 수련과 같은 식물에서 꽃잎은 꽃받침잎으로부터 기원된 것으로 추정된다.

62 식물 발생학적으로 볼 때 '꽃받침잎'이라는 표현 속에는 잎과 꽃잎이 동질적이라는 관점을 내포하고 있다고 해석할 수 있다.

63 16절 참조.

64 여기서 괴테는 '가문비나무속Fichtenarten/Picea'을 언급했지만, 대부분의 침엽수가 발아하면 바늘 잎이 방사상으로 퍼져나가 둥근 꽃부리(화관) 형태를 띤다.

65 유식물幼植物/seedling: 생장을 시작한 배가 씨껍질을 뚫고 밖으로 나와 스스로 광합성을 하면서 독립적으로 영양분을 취하게 된 어린 식물.

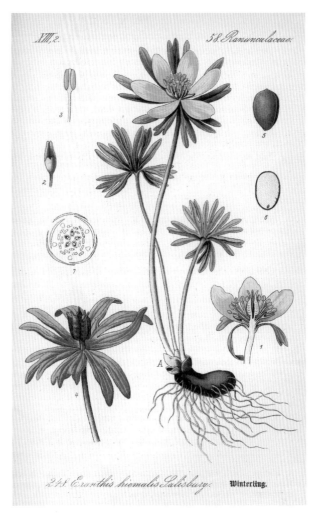

34절 | 바람꽃류*Eranthis hyemalis*는 줄기 끝의 꽃 기부에 꽃받침과 비슷한
'꽃의 잎Folia floralia'이 달려 있는데, 이는 포엽苞葉/bract이다(Thomé, 1885).

34절

또한 여러 종류의 꽃에서 볼 수 있듯이, 변형되지 않은 줄기잎이 꽃부리
바로 아래에 모여 일종의 꽃받침 형태를 갖추는 경우가 있습니다. 줄기잎
은 아직 그 형태를 그대로 유지하고 있기 때문에 외관상으로도 잎이란

것을 알 수 있으며, 식물학 용어를 인용하자면 '꽃의 잎Folia floralia'[66]이
라고 합니다.

35절

개화 과정이 서서히 진행될 때, 우리는 전술한 과정을 더욱 주의 깊게 살
펴봐야 합니다. 이때 줄기잎은 점차 합쳐져 수축하면서 거의 알아챌 수
없을 정도로 조금씩 꽃받침으로 변해갑니다.[67] 이런 사례는 국화과 식물
의 꽃받침, 특히 해바라기[68]와 금잔화속[69]의 꽃받침에서 손쉽게 관찰할
수 있습니다.

36절

자연은 여러 잎들을 하나의 축 주위에 모으는 힘이 있는데, 잎들이 좀 더
밀접하게 유합癒合[70]되어 변형되면 더욱 알아보기 어렵습니다.[71] 그것은

---

66 꽃의 잎Folia floralia/floral leaves: 괴테가 '꽃의 잎Folia floralia'이라고 표현한 것은 포엽이
   다. 당시에는 포엽苞葉/bract을 '꽃의 잎Folia floralia'라고 부르는 식물학자들이 많았다. 린
   네의 『자연의 체계』에도 이 용어가 등장한다. 포엽이란 잎이 변해서 형성된 것으로 꽃이나
   꽃받침을 둘러싸고 있는 작은 잎이다(104절 참조). 포엽은 크기, 색상 및 모양 등에서 보통
   의 잎과 다르며, 또한 꽃받침, 꽃잎과도 다르다. 포엽은 주로 어린 꽃봉오리를 보호하거나
   곤충을 유인하는 기능을 갖고 있다. 그 형태가 마치 꽃잎과 같은 모습을 하고 있어 그런 표
   현을 한 것으로 추정된다. 우리가 흔히 볼 수 있는 대표적인 사례로는 산딸나무의 작은 꽃
   옆에 하얀 꽃잎처럼 생긴 4장의 잎이 바로 포엽이다.

67 잎이 변해 만들어진 꽃받침은 꽃의 아래 바깥쪽에 달려 꽃을 보호하는 역할을 한다. 대부
   분의 꽃받침잎은 줄기잎과 비슷하지만, 꽃잎과 비슷하거나 꽃잎과 줄기잎의 중간 단계의 모
   양을 띠는 것도 있다. 꽃받침잎이 꽃잎으로 변해가는 과정은 42절 참조.

68 국화과 식물은 대부분 작은 꽃들이 밀접하게 모여 두상꽃차례(두상화서頭狀花序/
   capitulum)을 형성한다. 국화과 식물의 대표적인 꽃인 해바라기Helianthus annuus도 두상
   꽃차례를 가지고 있는데, 가장자리의 혓바닥 모양의 설상화舌狀花/ligulate flower와 중앙
   에 수많은 꽃이 모여 통 모양을 한 통상화筒狀花/tubular flower로 이루어져 있다.

69 금잔화속Calendula: 남유럽이 원산지인 국화과의 한해살이풀로, 노란색의 꽃은 관상용이
   나 약용으로 쓰인다. 괴테의 또다른 자연과학서 『색채론』에도 등장하는 식물이다(36절,
   83절 참조).

70 유합癒合: 조직이나 기관이 서로 아물어 붙음.

71 몇 장의 잎이 모여 형성된 것인지 알기 어렵다는 뜻이다.

35절 | 줄기잎이 점차 수축되면서 합쳐져 꽃받침을 형성하는 해바라기.

간혹 잎 전체나 일부가 서로 붙어 자라며 가장자리가 합쳐지기 때문이지
요. 이렇게 조밀하게 붙어있는 잎들은 부드러운 상태에서 빈틈없이 밀착
하게 되고, 현재 모체에 내재된 가장 순수한 수액의 영향으로 문합되어
종鐘 모양을 하거나 낱장 형태의 꽃받침을 형성합니다.[72] 그런데 꽃받침
위쪽이 다소 갈라진 모습을 띠고 있어, 서로 어떻게 조합되었는지를 여실

---

72 꽃받침잎은 서로 떨어져 있기도 하지만 서로 유합되어 하나의 통을 형성하기도 한다. 꽃받
    침잎이 각각 분리되어 형성되면 갈래꽃받침(이판악離瓣萼/polypetalous calyx), 일부라도
    서로 유합되어 있으면 통꽃받침(합판악合瓣萼/gamosepalous calyx)이라고 한다. 본문의
    '종 모양'은 통꽃받침을, '낱장 형태'는 갈래꽃받침을 의미한다.

히 보여줍니다. 이는 깊이 갈라진 꽃받침과 여러 장의 잎으로 구성된 꽃받침의 개수를 육안으로 비교해보면 확인할 수 있습니다. 특히 여러 국화과 식물의 꽃받침을 정확히 관찰해보면 알 수 있지요. 예를 들어 분류학적 설명에서는 단순히 여러 개로 갈라진 것으로 소개된 금잔화속의 꽃받침은 여러 잎이 서로 겹쳐지고 유착되어 형성되었으며,[73] 이것은 이미 언급한 것처럼 잎들이 눈에 띄지 않게 수축되며 자란 결과입니다.

37절

대부분의 식물은 꽃받침잎이 분리되어 자라거나 유합되어 자라도 줄기의 축 주변에 배열되는 개수와 형태가 일정하며, 이는 다른 후속 부분[74]에서도 마찬가지입니다. 최근에 꾸준히 향상된 식물학의 발전과 그에 대한 신뢰, 그리고 명성도 상당 부분 이러한 불변성에 기인한 것입니다.[75] 그런데 어떤 종류의 식물에서는 꽃받침잎의 수와 형태가 일정치 않습니다. 그러나 식물학 대가들은 이 가변성조차도 놓치지 않고, 정확하게 파악하여 자연의 변이도 한정된 범주 내에 포함시키고자 노력하였습니다.

38절

자연은 하나의 중심부에 여러 잎들과 마디를 일정한 개수와 순서대로 모아서 꽃받침을 만듭니다. 이 같은 방식이 순조롭지 않았다면 자연은 이 잎과 마디를 순차적으로 조금씩 따로 떨어져 자라게 했을 것입니다. 영양분이 과하게 유입되어 꽃이 피지 않았다면, 잎과 마디는 서로 떨어져 원래의 모습[76]을 보였을 겁니다. 따라서 자연은 꽃받침을 만들 때, 새로운

---

73 금잔화의 꽃받침은 일반적인 꽃받침과는 다르다. 금잔화의 꽃받침은 정확하게 말하면 총포 總苞/involucre이다. 총포는 잎의 변형체로, 꽃받침조각의 모양을 한 포엽이 꽃 아래에 돌려나는 것을 말한다. 총포엽이라고도 하며, 금잔화처럼 특히 두상화서를 이루는 국화과 식물에서 자주 볼 수 있다.

74 '다른 후속 부분'이란 뒤이어 발달할 꽃잎과 수술의 형태와 개수를 의미한다.

75 린네의 분류학을 의미한다.

76 원래의 모습: 서로 밀접하게 모여 자라는 꽃받침잎의 모습이 아니라 서로 떨어져 차례대로 자라는 줄기잎과 마디의 생장 모습.

기관을 만들어내는 것이 아니라 우리에게 이미 알려진 기관들을 연결하고 변형시키기만 해서 목표에 한 걸음 더 가까이 다가갈 수 있도록 준비하는 것이지요.[77]

---

77 이 문장의 내용은 괴테가 이탈리아 여행에서 떠올렸던 가설, 즉 "모든 것의 출발점은 잎이다, 이 단순한 기관에서 매우 다양한 형태들이 태동될 수 있다."라는 생각에서 나온 견해로 보인다(115절 참조).

제5장

화관의 형성

39절

우리는 식물체 내에서 점차 생산되는 정제된 수액 덕분에 꽃받침이 형성되는 것을 보았으며, 이제 꽃받침은 그 수액을 더욱 정제하는 기관이 될 것입니다. 이는 꽃받침의 효과를 기계적인 관점에서 설명해도 이해할 만합니다. 이미 보았듯이 관다발은 매우 밀도 높게 압축되어 있어 아주 부드럽고 섬세한 고도의 여과 기능을 지니고 있기 때문이지요.[78]

40절

꽃받침이 화관으로 변한다는 사실은 여러 가지로 알 수 있습니다. 그것은 꽃받침의 색깔이 일반적으로 줄기잎과 비슷한 초록색이지만, 종종 꽃받침의 맨 끝이나 가장자리, 그리고 뒤쪽이나 심지어 안쪽의 일부가 변색되었는데도 바깥쪽은 여전히 초록색인 경우가 있기 때문이지요. 이 색상 변화는 항상 수액의 정제 상태와 연관되어 있다는 것을 알 수 있습니다. 그로 인해 화관으로 착각할 만한 애매한 형태의 꽃받침이 발생하는 것입니다.[79]

41절

우리는 떡잎이 위쪽으로 자랄 때, 특히 잎의 주변부가 크게 확장되면서 잎이 발달하는 것을 보았고, 꽃받침이 형성되는 과정에서는 주변이 수축되는 것을 관찰하였습니다. 그런데 화관이 형성될 때는 꽃받침 주변이 또 다시 확장되는 것을 볼 수 있습니다. 일반적으로 꽃잎은 꽃받침잎보다 큽니다. 꽃받침은 기관들이 응축하여 형성된 것처럼, 이 기관들은 이제 고도로 분화된 형태로 다시 확장되어 색다른 기관인 꽃잎으로 자라납니다. 그것은 꽃받침을 통해 재차 정제되어 더 순수해진 수액 덕분입니다. 만

---

78 물과 양분의 이동 통로인 관다발은 꽃받침잎은 물론 꽃잎이나 수술에도 퍼져있다. 꽃받침 잎에는 같은 식물의 잎에서와 마찬가지로 다수의 관다발이 들어가 있다.

79 남아메리카가 원산지인 푸크시아속Fuchsia 식물은 여름에 붉은색의 꽃이 피는데, 꽃받침 이 마치 붉은 꽃잎처럼 생겨 꽃잎으로 오해하는 경우가 많다. 또한 북아메리카 원산으로 기 생초라고도 불리는 코레옵시스 틴크토리아Coreopsis tinctoria의 꽃받침은 원래 녹색이지만, 꽃잎 가까이에 있는 것들은 꽃잎처럼 노란색을 띤다.

40절 | 꽃받침이 원래 녹색이지만, 꽃잎 가까이에 있는 것들은 꽃잎처럼 노란색을 띠는
코레옵시스 틴크토리아*Coreopsis tinctoria*(Sue Carnahan, 2018).

40절 | 보랏빛 꽃잎 뒤로 붉은색의 꽃받침이 달린 푸크시아속*Fuchsia*.
붉은색 꽃받침이 마치 꽃잎처럼 보인다(위키피디아).

약 이처럼 여러 특이한 사례를 통해 자연이 우리에게 전하려 했던 바를 눈여겨볼 수 없었다면, 이 기관[80]의 섬세한 조직과 색상, 향기 등이 어디서 비롯된 것인지 그 기원을 알 길이 전혀 없었을 겁니다.

42절
예컨대 카네이션의 꽃받침 안쪽에는 종종 제2의 꽃받침이 나타나는데, 일부는 완벽한 초록색을 띠며 낱장으로 나뉜 꽃받침을 만드는 경향을 보이고, 또 다른 일부는 삐죽삐죽하게 갈라지고 끝부분과 가장자리가 부드러워지면서 확장되고 착색되어 실제 꽃잎처럼 바뀌기 시작합니다. 이를 토대로 화관과 꽃받침 사이의 유사한 관계를 다시 한번 명확하게 인식할 수 있습니다.[81]

43절
화관과 줄기잎과의 유사한 관계도 여러 측면에서 확인할 수 있습니다. 많은 식물이 개화하기 훨씬 전에 이미 줄기잎이 다소 착색되기도 하며, 어떤 식물은 꽃이 필 즈음에 줄기잎이 완전히 착색되는 경우도 있습니다.[82]

44절
자연은 간혹 꽃받침이라는 중간 과정을 건너뛰고 곧바로 화관으로 넘어가기도 하는데, 이런 경우는 줄기잎이 어떻게 꽃잎으로 변하는지를 관찰할 수 있는 계기가 됩니다. 예를 들어 튤립 줄기에는 형태와 색이 거의 완

---

80 꽃잎을 말한다.

81 카네이션 외에도 꽃받침잎이 꽃잎과 흡사하게 바뀌는 것이 있는데, 백합류*Lilium*나 목련류 *Magnolia*(백목련, 태산목 등) 등에서는 꽃잎과 꽃받침잎이 거의 똑같은 모양을 하고 있다.

82 괴테는 꽃며느리밥풀속*Melamphyrum*과 배암차즈기속*Salvia*의 식물에서 줄기잎 주변과 포가 꽃잎과 거의 같은 색을 띤다는 것을 관찰하였다. 예를 들면 우리나라 산지에 흔히 자라는 새며느리밥풀*Melampyrum setaceum* var. *nakaianum*도 꽃잎과 가까운 줄기 끝쪽의 잎들이 꽃잎 색깔처럼 연분홍으로 물들어 마치 꽃잎처럼 보인다. 배암차즈기속의 하나인 *Salvia horminum/S. viridis*도 유사한 사례인데, 영명 '페인티드 세이지painted sage'는 이러한 모습을 잘 표현한 이름이다.

43절 | 꽃잎과 가까운 줄기 끝쪽의 잎들이 보라색으로 물들어 마치 꽃잎처럼 보이는 *Salvia viridis/S. horminum.* 영명 '페인티드 세이지painted sage'는 이를 잘 표현하고 있다(위키피디아).

벽한 모습을 갖춘 꽃잎이 한 장 달린 경우가 종종 나타납니다. 그런데 더욱 진기한 것은 이 꽃잎이 반쯤 줄기에 붙어있고 절반은 녹색인데, 나머지 착색된 부분은 화관에 붙어 위로 자라면서 잎이 둘로 갈라지는 경우입니다.

45절

꽃잎에는 색깔과 향기가 있습니다. 이는 그 안에 있는 꽃가루 때문이라

44절 | (위) 맨 끝에 달린 줄기잎이 첫 번째 꽃잎과 함께 붙어 자란 튤립의 모습. (아래) 줄기 끝에 달린 잎이 꽃잎과 흡사한 모양을 한 튤립. (Adolf Hansen, 1907).

44절 | 맨 끝에 달린 줄기 잎이 꽃잎과 함께 붙어 자란 튤립. 가운데 녹색의 잎 좌우로 노란색의 꽃잎이 자라는 것을 볼 수 있다. 이 사진은 잎이 점차 변해 꽃잎이 된다는 괴테의 가설을 증명해 보인다.

고 알려졌는데, 설득력 있는 견해입니다. 아마 꽃가루는 아직 꽃잎에서 완전히 분화되지 않고, 다른 수액과 섞여 희석되어 있을 것입니다. 색깔이 곱게 나타나는 것은 꽃잎에 포함된 물질이 매우 정제되어 있다는 표시이지만, 아직 밝고 투명해 보이는 최상의 상태에 도달한 것은 아니라는 생각이 듭니다.

제6장

수술의 형성

47절 | 꽃잎같이 생긴 수술의 가장자리에 꽃밥이 달려있는 칸나.

46절

꽃잎과 수술 간의 밀접한 유사성類似性을 고려해 볼 때, 앞 절의 고찰은 더욱 개연성이 높습니다. 만약 나머지 다른 모든 기관 사이의 유사성도 이처럼 명확하여, 누구나 알 수 있고 의심의 여지가 없다면, 현재의 논의 는 불필요한 것으로 간주될 수 있을 것입니다.

48절 | 꽃잎의 가운데와 측면이 작은 돌기에 의해 수축되면서
꽃밥의 형태를 띠는 장미 꽃잎(Adolf Hansen, 1907).

47절

자연은 때로 우리에게 이런 이행 과정[83]을 보여주는데, 예를 들면 칸나속
Canna[84]과 그 상위의 홍초과Cannaceae의 다른 식물이 그렇습니다. 실제

---

83 '이런 이행 과정'이란 꽃잎과 수술 사이의 변형 과정을 말한다.

84 현재 칸나라고 불리는 것은 아시아, 아프리카, 아메리카 등지의 열대 지방에 자생하는 원종

꽃잎 한 장이 약간 변형되고 위쪽 가장자리가 수축되면서 꽃밥을 형성하고, 나머지 꽃잎 부분은 수술대를 대신합니다.

48절

흔히 겹꽃으로 발달하는 식물에서 이러한 이행 과정의 모든 단계를 관찰할 수 있습니다. 모양과 색깔이 완전히 발달된 여러 종류의 장미 꽃잎 중에는 가운데 부분이나 측면부에 일부 수축된 꽃잎들이 나타납니다. 이처럼 수축이 일어나면 작은 돌기가 생기고, 이 돌기는 거의 온전한 형태의 꽃밥처럼 보입니다. 마찬가지로 꽃잎도 단순한 수술의 형태를 띠게 됩니다. 일부 양귀비의 겹꽃[85]에서는 완전히 발달한 꽃밥이 거의 변하지 않은 꽃잎 위에 달려있고, 다른 겹꽃에서는 꽃잎들이 다소 수축하여 꽃밥과 흡사한 돌기 형태가 됩니다.

49절

만약 수술이 모두 꽃잎으로 변한다면 꽃은 불임 상태가 됩니다. 그러나 꽃잎이 계속 발달하면서 수술도 형성된다면 수분受粉[86]이 일어납니다.

에서 개량된 원예종이다. 우리나라에서 주로 원예용으로 재배하는 칸나Canna generalis는 인도와 아프리카가 원산지이다.

85 린네는 '척박한 땅에서 자라는 양귀비는 홑겹의 꽃이 피는 데 반해, 비옥한 토양에서는 영양분이 많아 겹꽃을 피운다. 즉, 수술이 꽃잎으로 변해 꽃잎이 많아지는 것이다.'라고 하였다.(Adolf Hansen, 1907)

86 수분受粉(꽃가루받이pollination): 수술의 꽃밥(약葯/anther)에서 꽃가루주머니가 터지면, 꽃가루(화분花粉/pollen)는 여러 매개체(곤충, 바람, 물 등)에 의해서 암술머리로 옮겨지는데, 이 과정을 수분이라고 한다. 한편, 수정受精/fertilization은 수분 매개체에 의해 수술의 꽃가루가 암술머리에 운반되면, 수술의 꽃가루에서 형성된 생식세포(정세포)와 암술의 밑씨에서 형성된 생식세포(난세포)가 만나는 과정을 뜻한다. 수정한 후, 씨눈을 갖고 있는 밑씨는 씨(종자seed)로 발달하고, 동시에 씨방(벽)은 과피果皮로 발달하여 열매가 된다. 결국, 수분→수정→씨→열매 등의 과정을 거친다. 한편 꽃가루가 수정에 결정적 영양을 끼치며, 암술과 수술의 기능 등 꽃의 성性을 실험을 통해 최초로 밝혀낸 사람은 독일의 생물학자이자 의사였던 루돌프 야콥 카메라리우스Rudolf Jacob Camerarius(1665~1721)였다.

50절

따라서 수술은 지금까지 꽃잎으로 확장되었던 기관이 또다시 고도로 수축되고 동시에 극히 세분화될 때 발생합니다. 이로써 전술한 소견이 다시 한번 입증되었으며 우리는 번갈아 나타나는 수축과 확장의 상호작용을 통해 자연이 마침내 자신의 목표에 도달한다는 사실에 새삼 주의를 기울이게 됩니다.

제7장

꿀샘[87]

51절

많은 식물이 화관에서 수술로 재빠르게 변화되지만, 자연이 이를 단번에 진행할 수 없음을 우리는 잘 압니다. 그러므로 자연은 그 외형과 용도에 따라 때로는 화관 또는 수술에 가까운 중간 단계의 기관을 만듭니다. 비록 그 기관의 형태가 매우 다르더라도 대부분 하나의 개념으로 통합될 수 있는데, 그것은 바로 꽃받침잎에서 수술로 가는 점진적인 변화 과정이지요.

52절

이처럼 다양하게 형성된 기관은 린네가 꿀샘이라고 명명했던 개념에 대부분 포함될 수 있을 것입니다. 이 대목에서 우리는 비범한 한 인물[88]의 놀라운 통찰력에 경탄하게 됩니다. 그는 이 기관들의 기능을 명확하게 파악하지 못한 상태에서 예단하여, 외형적으로 다양한 기관들에 과감히 하나의 명칭을 붙였던 것입니다.[89]

---

87 꿀샘nectary: 꽃에서 당을 포함한 점액을 분비하는 기관으로, 밀선蜜腺이라고도 한다. 씨방 (자방)의 기부나 씨방과 수술 사이에 있으면서 곤충이나 새를 유인하여 꽃가루의 매개 역할을 한다. 이는 꽃 속에 있는 꿀샘이라 하여 꽃안꿀샘(화내밀선floral nectary)이라 한다. 간혹 벚나무처럼 잎자루 상부에 달리는 경우도 있는데, 이를 꽃밖꿀샘(화외밀선extrafloral nectary)이라 한다. 꿀샘을 뜻하는 '넥타리움Nectarium'이라는 용어는 린네가 1735년 출간한 저서『자연의 체계』에서 처음 제창한 용어다.

88 '비범한 한 인물'은 린네를 지칭한다.

89 린네는 1735년 출간한『자연의 체계』에서 생식기관Fructificatio의 구성요소를 꽃Floris과 열매Fructus로 구분하였다. 꽃은 다시 꽃받침Calyx, 화관Corolla, 수술Stamen, 암술 Pistillum으로 구분하고, 열매Fructus는 과피Pericarpium, 종자Semen, 화탁/꽃턱Receptaculum으로 구분하였다. 그는 또 화관을 구성하는 요소로 꽃잎Petalum과 꿀샘Nectarium을 들었다. 당시 린네는 꿀샘을 그 기능보다 식물의 속屬을 결정하는 주요 요소로 보고 가치를 높이 평가했다. 괴테는 린네의 이런 견해는 물론, 그가 화관(꽃잎)과 수술 사이의 중간 단계인 이행 조직이나 여러 기관을 꿀샘이란 하나의 명칭으로 통칭했던 것을 에둘러 비판한 듯하다. 한편 독일의 보르크하우젠Moritz Balthasar Borkhausen이 1797년에 출간한『식물학 사전Botanisches Wörterbuch』이나 1829년 영국에서 발행된『런던 백과사전The London Encyclopaedia』의 '꿀샘nectarium' 항목에는 이를 처음으로 정의한 린네가 당액을 내보내지 않는 기관도 꿀샘에 포함시키고, 또 꿀샘을 화관의 일부로 포함시키는 오류를 범했다는 내용이 기록되어 있다.

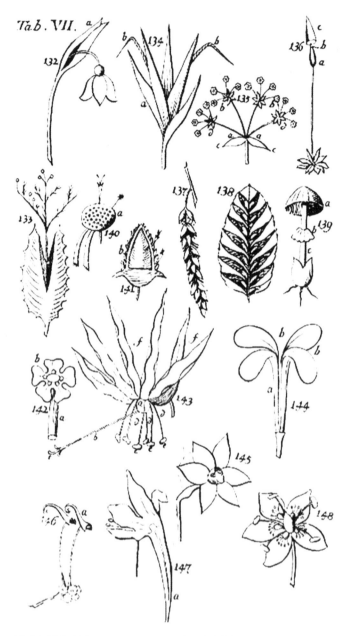

52절 | 린네의 『식물철학Philosophia botanica』에 수록된 다양한 꽃의 형태(Carl Linnaeus, 1751).

53절

어떤 꽃잎들은 그 형태를 눈에 띄게 바꾸지 않고도 당액糖液을 분비하는 작은 구멍이나 분비샘을 갖고 있어 수술과 관련있다는 것을 알 수 있지요. 이전에 논의했던 바를 고려해 볼 때, 이 당액은 아직 미숙하고 불완전한 상태의 수분액受粉液일 것이라는 점을 어느 정도 추측할 수 있으며, 이는 앞으로 전개될 논의를 통해 개연성이 높은 추론이 될 것입니다.[90]

54절

꿀샘 또한 독립적인 기관으로 나타나는데, 그 형태가 때로는 꽃잎이나 수술과 거의 유사합니다. 가령 물매화속*Parnassia*의 꿀샘 위에는 실처럼 13개로 갈라진 조직 끝에 작은 붉은색 공처럼 생긴 것이 달려 있어 수술과 매우 흡사합니다.[91] 다른 식물, 예컨대 나사말속*Vallisneria*[92]이나 페빌

---

90 괴테는 당시 완벽하게 밝혀지지 않은 수분受粉 과정을 살피면서 꿀샘에서 나오는 분비물 (당액)이 이 과정과 관련있는 것으로 판단했던 것 같다. 꿀샘은 보통 꽃의 안쪽, 즉 씨방의 기부에 자리잡고 있어, 이를 빨아 먹기 위해 꽃 안쪽으로 모여드는 곤충이 꽃가루를 온몸에 묻혀 꽃의 수분이 이루어진다. 아마 이런 과정을 관찰했던 괴테는 이 꿀샘이나 당액 (꿀)이 식물의 수분에 직접적인 관련이 있는 수분액受粉液/Befruchtungs-Feuchtigkeit이라고 생각한 듯하다. 한편 독일의 식물학자였던 슈프렝겔(C. K. Sprengel)이 1793년에 발표한 『꽃의 수분과 구조에서 밝혀진 자연의 비밀Das entdeckte Geheimnis der Natur im Bau und in der Befruchtung der Blumen』이라는 책에서는 양성화兩性花/hermaphrodite flower에서 자가수분이 이루어지지 않고 타가수분이 이루어지는 것은 꽃의 수분에서 곤충의 역할이 결정적이라는 것을 가리키는 증거라고 주장하였다. 찰스 다윈은 슈프렝겔의 이론을 적극 찬성하였으며, '꽃이 화려한 것은 곤충을 유인하기 위한 것으로, 풍매화風媒花에는 볼 수 없는 형태'라고 하였다.

91 물매화는 꽃밥葯이 발달하지 않고 퇴화한 헛수술staminode의 윗부분이 수술대처럼 변하고 끝에는 아주 작은 구슬 모양의 가짜 꿀샘이 생겨 수술과 혼동될 때가 많다. 물매화라는 명칭은 물봉선, 물머위 등과 같이 습기가 많은 곳에서 자란다는 데서 유래된 것이다. 꽃은 매화梅花와 흡사하다.

92 나사말 종류의 꽃은 자웅이주雌雄異株로 물에 의해서 꽃가루가 운반되는 수매화水媒花이다. 암꽃은 용수철 모양의 긴 대로 연결되어 있어 수면 위로 나오고, 수꽃은 수중에 있다가 성숙되면 분리되어 수면으로 올라와 수분이 이루어진다.

54절 | 헛수술staminode의 윗부분이 수술대처럼 변하고, 끝에는 아주 작은 구슬 모양의 가짜 꿀샘이 생겨 수술과 혼동될 때가 많은 물매화(Ivar Leidus, 위키피디아).

레아속*Fevillea*[93] 등은 수술대만 있고 꽃밥이 없는 것처럼 보입니다. 펜타페테스속*Pentapetes*[94]은 이 헛수술이 원을 그리며 수술과 번갈아 규칙적으로 나타나며, 게다가 이미 꽃잎의 형태를 띠고 있습니다. 분류학적 서술에서도 이것들을 Filamenta castrata petaliformia(필라멘타 카스트라타 페탈리포르미아)[95]라고 합니다. 이처럼 애매한 형태는 키겔라리아속 *Kiggelaria*[96]과 시계꽃속*Passiflora*[97]에서도 볼 수 있지요.

---

93 페빌레아속*Fevillea*: 박과의 일종인 식물로, 열대 지방에 주로 자란다.

94 펜타페테스속*Pentapetes*: 금철화나 정오꽃이라고 하는데, 중국과 일본에서는 오시화午時花라고 부른다. 꽃의 중앙에 긴 헛바닥처럼 생긴 것이 헛수술이고 그 사이사이에 작은 수술이 보인다. 가운데 흰색의 긴 기관은 암술이다.

55절 | 수선화의 꽃잎 안쪽에 달린 종모양(또는 컵 모양)의 기관을 부화관이라 한다.

---

95 Filamenta castrata petaliformia: 라틴어로 된 이 표현은 '퇴화된 꽃잎 모양의 수술대'라는 뜻이다.

96 키겔라리아속Kiggelaria: 아카리아과Achariaceae에 속하는 식물로, 아프리카가 원산지이다. 열매가 소시지를 닮아 흔히 '소시지트리'라고도 한다.

97 시계꽃속Passiflora: 남미 원산의 덩굴식물로, 화관이 여러 층으로 배열된다. 꽃받침은 흰색이나 연한 파란색이며 꽃잎은 연분홍이나 연한 파란색이다. 방사상으로 퍼지는 부화관은 수술처럼 생겼으며 자주색을 띤다.

56절 | 꽃 모양이 매의 발톱을 닮아 이름 지어진 매발톱.
꽃의 뒤쪽으로 길게 뻗은 안쪽에는 꿀이 채워져 있다.

55절

이런 의미로 본다면 사실 부화관[98]도 꿀샘이라고 부를 만합니다. 꽃잎
은 확장에 의해 형성된 반면, 부화관은 수술과 마찬가지로 수축에 의해

---

98 부화관副花冠/paracorolla: 화관과 수술 사이 또는 꽃잎과 꽃잎 사이에 달린 작은 부속체
로, 덧꽃갓, 더꽃부리, 부꽃부리 등으로도 불린다. 수선화의 꽃잎 안쪽에 달린 종 모양의 기
관을 부화관이라 한다.

57절 | 니겔라속*Nigella*의 꽃의 주요 기관 형태(Sprengel, 1793). 왼쪽 맨 위의 기관이 꿀샘이다.
최근에 발표된 사진(95쪽)과 비교해도 당시의 관찰과 기록이 놀라움을 알 수 있다.

생겨나기 때문이지요. 수선화속*Narcissus*과 협죽도속*Nerium*, 선옹초속 *Agrostemm* 등의 꽃을 보면 완전히 활짝 핀 화관 안쪽에 작고 수축되어 있는 부화관를 볼 수 있습니다.

56절

한편 꽃잎이 특이한 모습으로 변화하여 눈에 아주 잘 띄는 사례는 여러 속屬에서도 관찰할 수 있습니다. 꽃잎의 안쪽 아랫부분에 작고 움푹 파인 곳이 있고, 그 안은 당액으로 채워진 여러 꽃을 볼 수 있지요. 다른 속屬이나 종種에서는 이 파인 부분이 더 깊게 들어가 꽃잎의 뒷부분에 돌기나 뿔 형태로 길어진 모양을 하고 있으며, 그에 따라 나머지 꽃잎도 다소 변형되어 있습니다. 우리는 이런 사례를 매발톱속*Aquilegia*의 여러 종이나 변종에서 제대로 살펴볼 수 있습니다.

57절

가장 변형된 꿀샘은 투구꽃속*Aconitum*과 니겔라속*Nigella*[99]에서 볼 수 있는데, 이것도 조금만 주의를 기울여 보면 꽃잎과 유사하다는 것을 알게 됩니다. 특히 니겔라속에서는 꿀샘이 손쉽게 다시 꽃잎으로 자라는데, 이 꿀샘이 변해서 겹꽃이 됩니다. 투구꽃속의 꽃을 좀 더 세심하게 살펴보면 아치형으로 휘어진 꽃잎[100]은 그 아래에 숨겨진 꿀샘과 비슷하다는 것을 알 수 있습니다.

58절

앞에서 설명했듯이, 꿀샘은 꽃잎이 수술로 변하는 이행 단계의 형태라할 수 있겠지요. 그런데 여기서 우리는 불규칙한 꽃[101]에 대해서도 몇 가지 살펴볼 것이 있습니다. 예를 들어 멜리안투스속*Melianthus* 식물의 꽃에서는 바깥쪽에 있는 5개 꽃잎은 진정한 꽃잎이라 할 수 있지만, 안쪽에 있는 5개 꽃잎은 6개의 꿀샘을 구성하는 부화관이라 할 수 있지요. 그

---

99 니겔라속*Nigella*: 미나리아재비과의 한해 또는 두해살이풀로, 높이 약 50cm에 달한다. 여름에 가지 끝에 푸른색, 흰색, 자주색 꽃이 핀다. 남유럽이 원산지로 검은색의 씨 때문에 흑종초黑種草라 불린다.

100 투구꽃속의 꽃 중에 위쪽에 달린 꽃잎을 말한다. 그 안쪽에는 긴 줄기의 꿀샘이 달려 있고 꽃잎은 이 꿀샘을 감싸고 있는 듯하다.

101 불규칙한 꽃: 대부분의 꽃은 1개 이상의 축에 의해서 모두 똑같은 2개의 거울상으로 나뉘는데, 이런 꽃을 정제화整齊花/regular flower, 또는 방사상칭화放射狀稱花/actinomorhic flower라고 한다. 반면에 꽃잎이 사방으로 동일하게 발달하지 않고 1개의 축에 의해 좌우로만 대칭이 될 경우에는 부정제화不整齊花/irregular flower, 또는 좌우상칭화左右相稱花/zygomorpic flower라고 한다. '불규칙한 꽃'은 이 부정제화를 말하며, 위의 멜리안투스속이나 콩과 식물에서 나타난다.

57절 | 과거에 니겔라속*Nigella*의 꿀샘이라고 했던 것은 당액을 방출하지 않고 단지 곤충을 유인하기 위한 가짜 꿀샘으로 밝혀졌다. 오른쪽 기관(화살표)이 가짜 꿀샘(Hong Liao 등, 2020).

중 위쪽에 있는 꿀샘의 형태는 꽃잎과 거의 유사한 반면, 실제 꿀샘이라 부르는 아래쪽에 있는 것의 형태는 꽃잎과는 아주 다릅니다.[102] 그런 의미에서 콩과Fabaceae 식물의 꽃에 있는 용골판龍骨瓣[103]을 꿀샘이라 할 만한데, 그것은 꽃잎들 중에 용골판은 그 형태가 수술과 가장 비슷하고, 소위 기판旗瓣[104]과는 아주 다른 모습을 하고 있기 때문이지요. 이런 방식으로 우리는 폴리갈라속*Polygala*의 일부 식물에서 용골판 끝에 붙어있는 붓 모양의 부속체[105]에 관해 쉽게 설명할 수 있고, 그 용도 또한 분명하게 이해할 수 있습니다.

102　멜리안투스속은 아프리카에 자생하는 상록 관목이며, 꽃 안쪽의 꿀샘에서는 당액 분비가 매우 높다. 아래쪽에 달린 꿀샘은 당액을 모을 수 있도록 앞이 막힌 슬리퍼처럼 생겼다.

103　용골판龍骨瓣/keel/carina: 용골이란 배의 아래쪽 중심선을 따라 선수에서 선미까지 이어진 부재로, 약간 솟아오른 형태다. 콩과 식물 꽃의 아래 꽃잎이 이 형태를 띠어 용골판이라 부르며, 보통 암술과 수술을 감싸고 있다.

104　콩과 식물의 꽃은 대부분 좌우대칭이며 꽃잎은 위쪽 깃발 형태의 기판旗瓣banner/ vexillum, 좌우 양쪽으로 날개 형태의 익판翼瓣/wing/alate, 그리고 아래쪽 카누canoe 형태의 용골판龍骨瓣/keel/carina으로 구성되어 있다.

105　폴리갈라 미르티폴리아*Polygala myrtifolia* L.의 용골판 끝에 달려 있는 붓 모양의 기관은 수술이다.

58절 | 폴리갈라속*Polygala*의 식물 중*Polygala myrtifolia* L.에는 용골판 끝에 붓 모양의 부속체가 달려 있는데, 이는 수술이다.

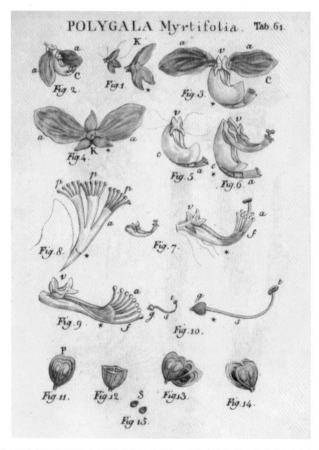

58절 | 폴리갈라 미르티폴리아꽃의 다양한 기관들. 그림 중간 부분 붓 모양의 기관이 수술이다 (Miller, John & Weiss, Friedrich Wilhelm, 1789).

59절

필자의 이 같은 소견이 관찰자와 분류학자가 그동안 많은 노력을 기울여 이룩한 연구 성과를 혼란스럽게 하려는 의도가 아니라는 것은 두말할 필요가 없을 것입니다. 다만 이와 같은 고찰을 통해서 식물의 불규칙한 형태 변화를 설명하고자 하는 바람입니다.

제8장

수술에 대한
몇 가지 추가 사항

60절

현미경으로 관찰한 결과,[106] 식물의 생식기관[107]은 다른 기관과 마찬가지로 나선螺線무늬 물관[108]에 의해 생성된다는 것이 확실해졌습니다. 이는 지금까지 다양한 형태를 보여준 식물의 여러 기관이 본질적으로 동일하다는 근거가 되는 것이죠.

61절

나선무늬 물관은 관다발의 중앙에 있어 관다발이 이 물관을 둘러싸고 있는데, 이를 고려하면 앞서 언급했던 강한 수축력[109]을 좀 더 이해할 수 있을 겁니다. 탄력있는 용수철처럼 생긴 나선무늬 물관은 관다발이 확장하려는 힘을 저지하기 위해 최대한의 힘을 발휘합니다.

---

106 괴테는 영국의 조지 아담스George Adams가 제작한 복합 현미경, 프랑스의 루이 프랑수와즈 델레 바레Louis Françoise Dellebarre의 현미경, 독일의 글라이헨 루스부름W. F. von Gleichen-Rußwurm의 현미경 등을 사용했다고 한다. 이들 현미경은 바이마르의 괴테 하우스에 보관 중이다.

107 '식물의 생식기관'이란 여기서 수술을 의미한다.

108 나선螺線무늬 물관: 본문의 '나선무늬 물관'은 관다발을 구성하는 물관부의 조직에서, 안쪽 벽이 나선상의 띠 모양으로 두꺼워져 선회하는 물관부의 통수요소(가도관, 도관)를 뜻하는 듯하다. 물을 운반하는 물관부의 통수요소들은 물을 위로 수송하는 과정에서 안쪽으로 붕괴될 수 있으므로, 강한 힘을 낼 수 있는 세포벽을 갖고 있어야 한다. 따라서 튜브 모양의 통수요소 안쪽에는 고리, 계단, 나선 등의 다양한 무늬 형태로 세포벽이 두꺼워져 강한 힘을 낸다. 괴테가 관찰했다는 '나선무늬 물관'은 현대 식물해부학적 용어로는 '나선문螺線紋 가도관'이라고 할 수 있다(『식물형태학』(이규배 지음, 2021) 제4판). 괴테는 이 나선무늬 물관의 정체를 독일 선태식물학의 권위자 헤드빅J. Hedwig의 연구,『무스코룸 프론도소룸의 자연사적 기초연구Fundamentum historiae naturalis muscorum frondosorum』(1782)를 통해서 알게 되었다. 그러나 독일 식물학자 작스Julius von Sachs는 1875년 발행된『식물학의 역사Geschichte der Botanik』라는 책에서 헤드빅의 관찰과 서술이 잘못되었다는 것을 밝히고 있다. 작스에 따르면 헤드빅은 나선무늬 물관을 관다발 자체로 잘못 보았다는 것이다. 결국 당시 괴테가 참고한 헤드빅의 이론에서는 물관과 체관, 관다발 등이 세밀하게 분리, 관찰되지 못했음을 알 수 있다.

109 '앞서 언급했던 강한 수축력'은 수술 형성에 필요한 수축을 뜻한다(50절 참조).

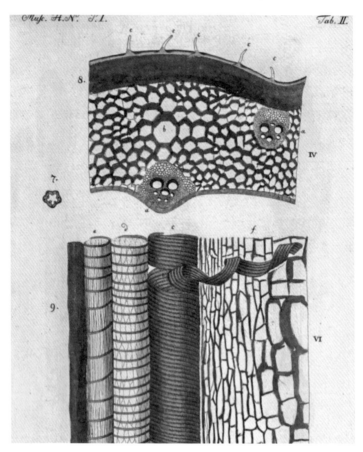

60절 | 헤드빅이 묘사한 물관부의 단면과 입면 형태. 아래 그림 중앙에 나선무늬의 물관을 볼 수 있다. 괴테가 참고한 헤드빅의 책자에 등장하는 그림 설명으로, 현재의 전자현미경으로 관찰한 물관의 사진과 거의 유사하다(J. Hedwig, 1782).

62절

이제 줄어든 관다발은 더 이상 확장하거나 서로 합쳐지지도 않고, 문합하여 그물망을 형성할 수도 없습니다. 그렇지 않았다면 빈 공간을 채웠을 관다발은 더 이상 발달할 수 없으며, 또한 줄기잎과 꽃받침잎, 꽃잎이 확장할 수 있는 동력이 전부 사라지고 맙니다. 그 결과 연약하고 매우 단순한 수술대가 생겨납니다.

63절

꽃밥의 미세한 막이 형성되자마자, 그 사이에 있던 매우 섬세한 관다발은 더이상 발달하지 않습니다. 지금까지는 길고 넓게 뻗어나가 서로 합류하던 관다발이 이제는 극도로 응축된 상태라고 가정해볼 수 있습니다. 이제 꽃가루를 생산하던 관다발이 확장되는 대신 완벽하게 형성된 꽃가루가 분출합니다. 분리된 꽃가루는 자연이 마련해준 로드맵대로 성장한 암술을 찾아 암술머리에 부착되어 영향력을 행사합니다. 이 암술과 수술의 결합을 우리는 흔히 정신적 문합[110]이라 부르기도 하며, 최소한 이 순간만큼은 생장과 번식이라는 개념이 서로 더 가까워졌다고 믿게 됩니다.

64절

꽃밥에서 발달한 미세한 물질은 가루처럼 보이지만, 이 작은 꽃가루 알갱이는 고도로 정제된 액을 담는 용기일 뿐입니다. 따라서 이 액체는 꽃가루 알갱이가 달라붙는 암술에 흡수되어 수분이 이루진다는 견해에 필자도 동의합니다. 이는 일부 식물 중에는 꽃가루를 분비하지 않고 단지 액체만을 분비한다는 사실로 볼 때 더욱 확실해 보입니다.[111]

65절

우리는 꿀샘에서 분비되는 당액이 꽃가루에서 분비되는 액체일 개연성이 높다는 것을 확인한 바 있지요.[112] 꿀샘은 준비를 위한 기관인 듯하며, 수술은 꿀샘의 당액을 흡수해야 결정적으로 완성되는 것 같습니다. 수분이 끝난 다음에 이 당액이 더 이상 관찰되지 않았기에 이 견해는 더욱 신빙성이 있습니다.[113]

---

110 '정신적 문합'이라는 표현의 배경은 역자 후기의 관련 내용('정신적 문합')을 참조.

111 당시에는 꽃가루의 형성이나 수분 과정 등이 상세히 밝혀지지 않았다.

112 53절 참조.

113 대부분의 속씨식물은 동물의 도움을 받아 꽃가루받이(수분)를 하며, 그 대가로 꿀과 꽃가루를 제공한다. 꿀물과 꽃가루로 곤충이나 새를 유인하여 수분을 유도하는데, 꽃안꿀샘을 가지고 있는 식물은 꽃이 피는 동안에만 꿀물을 분비한다.

66절

여기서 우리는 수술대뿐 아니라 꽃밭도 다양한 방식으로 유착되어 있다는 사실을 덧붙입니다. 이는 위에서 여러 번 설명했던 것처럼, 처음에는 완전히 분리되었던 부분들이 서로 문합하고 결합하는 것을 보여주는 가장 놀라운 사례입니다.

제9장

암술의 형성

ⓒ송 승의

71절 | 크로커스속*Crocus*의 암술머리는 꽃받침처럼 생겼다.
보라색 꽃잎 안쪽의 노란색 윗부분이 암술머리이다.

67절

지금까지 저는 순차적으로 발달하는 다양한 식물 기관들이 외부 형태가
전혀 다르더라도 본질적으로 동일하다는 사실을 최대한 명확히 밝히기
위해 노력했습니다. 그러니 독자들께서도 이런 방식으로 암술의 구조를

설명하려는 제 의도를 쉽게 짐작하실 수 있을 것입니다.

68절

우리는 자연에서 흔히 볼 수 있는 열매를 다루기 전에, 우선 암술을 살펴보겠습니다. 암술은 그 형태가 열매와는 다르기 때문에 더 많은 것을 관찰할 수 있지요.

69절

우리가 수술에서 보았듯이 암술도 수술과 동일한 성장 과정을 거친다는 것을 알 수 있습니다. 다시 말해 수술은 수축에 의해 생성되는 것을 관찰할 수 있었는데, 이것은 암술도 마찬가지입니다. 다만 그 크기가 항상 수술과는 같지 않고 약간 더 길거나 짧습니다. 대부분 암술은 꽃밥이 없는 수술대처럼 보이고, 이 두 기관은 다른 어떤 부분보다도 외형적으로 유사합니다. 이 두 기관 모두 나선무늬 물관에 의해 생성되었기 때문에 암술이 수술보다 더 특별한 기관이 아니라는 것을 분명하게 알 수 있지요. 이 관찰을 통해 암술과 수술의 유사성이 명백해지면, 우리는 식물의 수정을 일종의 문합이라 부르는 견해가 더 적절하고 타당하다는 것을 알게 될 것입니다.

70절

우리는 여러 개의 암술대가 모여 형성된 암술을 흔히 볼 수 있는데, 그 끝부분이 분리되어 있지 않아 그 구성 요소들을 거의 구분하기 어렵습니다. 이미 우리가 종종 관찰해왔던 유착 작용은 바로 이 암술에서 발생할 가능성이 가장 높습니다. 사실 이 섬세한 부분이 완전히 발달하기 전에 꽃의 한가운데에 극도로 밀집되어 있으니 서로 유착이 발생할 수밖에 없지요.

71절

전술한 꽃의 몇몇 기관과 암술이 거의 같은 모양으로 보이는 사례는, 규

71절 | 붓꽃의 암술대는 외꽃덮이조각을 따라 아래로 굽어 있어 꽃잎처럼 보인다.

칙적인 성장 과정을 거친 경우[114]에서 좀 더 명확하게 드러납니다. 예를 들면 암술머리가 달린 붓꽃의 암술대는 그 모습이 우리 눈에는 온전한 형태의 꽃잎처럼 보입니다.[115] 또한 우산 모양을 하고 있는 사라세니아속

---

114   정상적으로 발달하는 경우를 말한다(6절 참조).

115   붓꽃의 암술은 마치 꽃잎처럼 보이는데, 암술대 바깥쪽에 긴 꽃밥을 단 수술이 붙어있다 (80절 참조).

*Sarracenia*의 암술머리는 여러 잎이 모여 있어 눈에 띄지 않지만, 초록빛 색깔은 숨기지 않습니다.[116] 현미경으로 관찰해보면 크로커스속*Crocus*과 뿔말속*Zannichellia*[117]에서도 한두 장의 꽃받침처럼 생긴 여러 개의 암술머리를 발견할 수 있지요.

72절

암술대와 암술머리가 다시 꽃잎으로 변하는 역행적 사례[118]가 흔히 나타나기도 합니다. 예를 들면 라눈쿨루스 아시아티쿠스*Ranunculus asiaticus*[119]는 씨방의 암술대와 암술머리가 완벽한 꽃잎으로 변해서 겹겹이 둘러싸인 모습이 되는 데 반해, 화관 바로 뒤에 있는 수술은 종종 변하지 않고 그대로 있습니다. 또 다른 몇 가지 주목할 만한 사례들은 뒤에서 설명하도록 하겠습니다.

73절

이제 우리는 전술한 대로 암술과 수술이 동일한 성장 과정에 있다는 사실을 되새기면서, 확장과 수축이 번갈아 나타나는 원리를 다시 한번 밝힙니다. 우선 씨앗에서부터 처음으로 확장하여 잎이 완벽하게 발달하는 과정을 관찰하였으며, 그다음 수축을 통해 꽃받침이 생성되는 것을 보았습니다. 그리고 다시 확장하여 꽃잎이 피어나고, 재차 수축되면서 생식기

---

116 식충식물에 속하는 사라세니아속*Sarracenia*은 꽃이 아래를 향하고 있다. 암술의 위쪽에는 꽃받침과 꽃잎이 덮여있고 그 아래에 암술이 자리 잡고 있다. 꽃받침이나 꽃잎과 비슷한 모습을 하고 있는 암술은 마치 우산을 뒤집어 놓은 모양인데, 암술머리는 안쪽 끝에 달려 잘 보이지 않지만 초록색을 띤다.

117 뿔말속*Zannichellia*: 민물이나 바닷물이 섞이는 곳에서 자라는 뿔말속의 식물은 꽃줄기에 암꽃과 수꽃이 달린다. 암술대의 길이가 겨우 0.5mm에 달하며 암술머리는 끝이 나팔처럼 퍼진다.

118 7절 참조.

119 라눈쿨루스 아시아티쿠스*Ranunculus asiaticus*: 미나리아재비과의 다년초로 우리나라에서는 라눈쿨루스, 라눙쿨루스, 라넌큘러스 등으로 불린다. 지중해지역이나 남부 유럽, 그리고 서남아시아 지역이 원산지이며 꽃은 하얀색, 노란색, 붉은색, 보라색 등 다양한 색깔을 자랑하여 특히 만첩인 라눈쿨루스는 원예종으로 각광을 받고 있다.

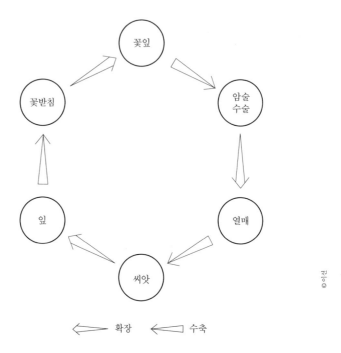

73절 | 괴테는 식물의 주요 기관인 씨앗→잎→꽃받침→꽃잎→암술+수술→열매 등의 6단계에서 '확장'과 '수축'이 번갈아 나타나며, 식물의 번식이라는 영원한 과제를 끊임없이 완수한다고 생각했다.

관이 형성됩니다. 우리는 이제 열매에서는 최대의 확장을, 씨앗에서는 최대의 수축을 관찰하게 될 것입니다. 이 여섯 단계를 통해 자연은 자웅, 두성별에 의한 식물의 번식이라는 영원한 과제를 끊임없이 완수합니다.

제10장

열매에 대하여

74절

지금부터 관찰할 열매도 다른 기관과 동일한 기원과 법칙을 따른다는 것을 곧 확신하게 될 것입니다. 여기서는 소위 피자식물被子植物[120]의 씨를 에워싸기 위해서, 또는 좀 더 자세히 말하면 수정으로 생긴 몇몇 씨를 성장시키기 위해 자연이 준비한 용기容器의 가장 안쪽 부분을 말하는 것입니다.[121] 이 용기 역시 지금까지 관찰했던 부분들의 특성과 구성을 통해 설명할 수 있을 것입니다.

75절

우리는 퇴행적 변형이란 현상을 보면서 이 자연의 법칙에 새삼 주목하게 됩니다. 예컨대 변이가 많아 널리 알려지고 사랑받는 꽃인 패랭이꽃속Dianthus[122] 식물에서는 캡슐형 열매[123]가 다시 꽃받침과 흡사한 잎으로 변하며 암술대는 그에 따라 길이가 짧아지는 경우를 종종 관찰할 수 있습니다. 또한 패랭이꽃의 과피果皮[124]가 꽃받침으로 완전히 변하는 것

---

120 피자식물被子植物/angiospermae: 피자식물은 꽃이라는 생식구조를 갖고, 꽃이 피어 열매를 맺고 그 속에 씨앗이 들어 있는 식물군으로, 속씨식물 또는 현화식물顯花植物이라고도 한다. 씨가 밖으로 드러나는 나자식물裸子植物(겉씨식물)의 자매군이다.

121 피자식물/被子植物이라는 용어 'angiosperm'은 '그릇vessel' 또는 '용기container'를 뜻하는 그리스어 'angion'과 '씨seed'를 뜻하는 그리스어 'sperma'에서 유래되었다. 즉 씨(種子)가 그릇(被)에 싸여(보호되어) 있다는 뜻이며, 여기서 그릇이란 씨방벽으로부터 발달된 과피果皮, 즉 열매를 말한다(『식물형태학』(이규배 지음, 2021) 제4판).

122 어버이날에 선물하는 카네이션이 패랭이꽃속Dianthus에 속하며, 18세기 이후 정원사들에 의해 수많은 변종이 만들어졌다.

123 캡슐형 열매: 식물학적 용어로는 삭과蒴果/capsule라고 한다. 캡슐처럼 생긴 열매로 심피心皮에 의해 속이 여러 칸으로 나뉘고 각각의 칸 속에 많은 씨가 들어 있다. 양귀비, 진달래, 붓꽃, 질경이, 채송화 등의 열매가 삭과이다.

124 과피果皮/pericarp: 씨방의 벽이 발달된 것으로 열매의 조직을 뜻한다. 대부분의 과실은 수정한 후, 밑씨가 씨로 발달하고 씨방벽은 과피로 발달하여 열매가 된다. 과피(열매)는 꽃이 피는 식물, 즉 피자식물(또는 현화식물)에서만 생기며, 그 종류는 매우 다양하다. 식물의 열매는 마르지 않고 육질성인 육질과肉質科/fleshy fruit와 건조한 건과乾果/dry fruit로 구분한다. 씨방이 육질과(예: 과일과 열매채소)로 발달할 경우, 대개 외과피(껍질), 중과피(육질 부분), 내과피로 구분되고, 내과피는 단단하며 그 안에 있는 씨를 보호한다. 건과는 씨방벽(과피) 조직이 터져서 열리며 씨가 방출되는 건개과乾開果(예: 콩 종류)와

75절 | 패랭이꽃과 캡슐형 열매.

도 있는데 꽃받침 끝의 절개된 부분에는 암술대와 암술머리의 흔적이 흐릿하게 남아 있습니다. 이 두 번째 꽃받침의 가장 안쪽에서 씨 대신 거의 온전한 화관이 새로이 성장합니다.

76절

자연은 규칙적이고 일정한 형태 속에서도 매우 다양한 방법으로 잎에 숨겨진 번식력[125]을 드러냅니다. 피나무속*Tilia*에는 다소 변형되었지만, 여전히 알아볼 수 있는 잎[126]의 중앙맥에 작은 자루가 달려있는데, 거기에

과피가 열리지 않아 씨가 열매 속에 남아있는 건폐과乾閉果(예: 호두나무, 밤나무 등)로 나눌 수 있다. 본문에 자주 설명되는 캡슐형 열매는 건개과이다. 육질과는 동물이 즐겨 먹지만, 건과는 동물에 의해 먹히지 않는 것이 일반적이다. 본문에 나오는 패랭이꽃속은 건과 중 캡슐형 열매에 속한다. 캡슐처럼 생겼으며 익으면 껍질이 갈라지면서 씨가 외부로 빠져나온다. 캡슐형 열매인 삭과는 여러 개의 심피로 구성된 복자예複雌蕊로부터 기원하며, 각 심피는 2~3개 이상의 씨를 만든다.(『식물형태학』(이규배 지음, 2021) 제4판).

125　여기서 '번식력'은 식물의 생식기관인 꽃과 열매를 의미한다.

126　피나무의 꽃은 잎겨드랑이에 달리는데, 본문에 설명한 '잎'은 일반적인 잎이 아니고 꽃자

76절 | '크리스마스베리'라고도 불리는 루스쿠스속Ruscus의 식물에서 넓은 잎처럼 보이는 것은
가지인데, 그 모양이 잎을 닮아 엽상지葉狀枝/phylloclade라고 한다.
왼쪽 사진에서 엽상지 가운데 달린 것이 꽃이고,
오른쪽 사진은 피나무Tilia amurensis Rupr.의 열매이다.
둥근 열매자루 끝에 달린 것은 포苞인데, 괴테는 잎이라고 표현하였다.

는 완전한 꽃과 열매가 자리잡고 있습니다. 루스쿠스속*Ruscus*[127]은 잎에
꽃과 열매가 달려 있는 방식이 매우 특이합니다.[128]

77절

그보다 더욱 엄청나고 강력한 번식력은 양치류의 잎에서 볼 수 있습니다.
양성생식兩性生殖[129]을 하지 않고도 내재된 본능적 욕구에 의해 번식 가

루 중앙에 달린 포苞이다.

127 우리나라에서는 '크리스마스베리'라고도 한다. 넓은 잎처럼 보이는 것은 잎이 아니고 가지
이다. 이를 엽상지葉狀枝/phylloclade라고 한다.

128 괴테는 루스쿠스속에서 꽃과 열매가 잎에서 발달하는 것처럼 보이므로, 루스쿠스의 잎과
열매도 잎의 변형으로 해석했지만, 그가 잎으로 생각한 넓은 부분은 잎이 아니라 줄기의
일종인 엽상지葉狀枝/phylloclad, 즉 '잎의 모습을 한 가지'로 밝혀졌다. 결국 엽록소를 가
지고 있는 엽상지는 잎이 아니라 탄소동화작용을 위해 변형된 가지이다.

129 양성생식兩性生殖/bisexual reproduction: 유성생식 중 암수 배우자의 합체로 새로운 개
체가 형성되는 생식법이다. 그러나 양치류 중 일부는 포자를 만들어 무성생식을 한다.

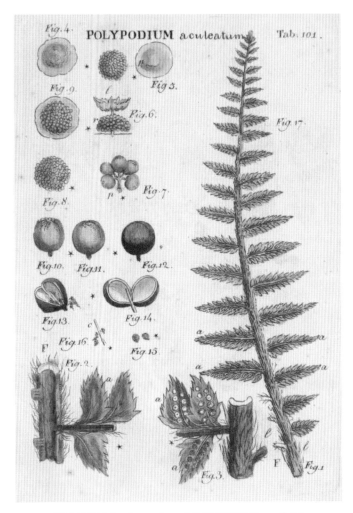

77절 | 양치류 *Polypodium aculeatum* L.의 잎과 포자胞子/spore의 모습.
잎 뒷면에 붙어있는 수많은 포자를 볼 수 있다(Miller, John & Weiss, Friedrich Wilhelm, 1789).

능한 수많은 홀씨를 사방으로 퍼트리거나 싹[130]을 틔워 퍼져 나갑니다.
그러므로 양치류 잎 한 장의 번식력은 널리 퍼져있는 식물이나 가지가

---

130   양치류는 뿌리, 줄기, 잎 등에서도 싹이 나와 무성아無性芽 번식을 하기도 한다.

무성한 큰 나무의 번식력에 필적할 만합니다.

78절

우리가 지금까지 관찰한 것을 유념한다면, 과피의 형태가 다양하고 각각의 용도와 조합이 특이하더라도 그것이 잎의 형태라는 것은 확실히 알수 있을 것입니다. 예컨대 협과莢果/legume[131]는 잎의 가장자리가 서로접혀 자란 것이고, 장각과長角果/silique[132]는 잎이 여러 개가 겹쳐 자라서 형성된 것입니다. 캡슐형 열매(삭과蒴果)는 여러 잎이 모여 가운데를중심으로 하나로 되어있고, 그 가장 안쪽은 열려있으며 바깥은 붙어있는열매라고 할 수 있습니다. 열매가 익으면 서로 붙어있던 과피가 열리기때문에 우리는 그것이 협과인지 장각과인지를 육안으로 알 수 있지요.또한 같은 속屬의 다른 종種에서 유사한 과정이 자주 발생하는데, 예를들면 니겔라 오리엔탈리스Nigella orientalis[133]의 열매는 심피[134]가 축을 중심으로 반쯤 붙어 자라고, 니겔라 다마세나Nigella damascena[135]는 완전히서로 붙어 자랍니다.

---

131 협과莢果/legume: 거의 모든 콩과 식물에서 볼 수 있는 열매로, 양측에 있는 2개의 봉합선을 따라 열린다. 예를 들면 완두의 꼬투리(협과)에서 껍질인 콩깍지는 과피이며, 콩은 씨이다.

132 장각과長角果/silique: 무나 유채 등과 같은 십자화과 식물의 특징적인 열매로, 나중에 성숙하면 과피가 3개로 분리되고 씨는 가운데 과피 부분에 붙어있다.

133 서아시아 지역이 원산지인 일년생 초본으로, 키가 약 30cm까지 자란다. 실과 같이 가는잎이 특징이며, 노란색의 꽃받침이 퇴화된 꽃잎을 대신한다. 니겔라속Nigella의 열매는 캡슐형 열매(삭과)이다.

134 심피心皮, carpel: 심피는 암술을 구성하는 기본 단위로, 암술머리stigma, 암술대style, 씨방(자방ovary)으로 이루어져 있다. 식물에 따라 암술을 구성하는 심피가 몇 개 존재하는지, 심피가 서로 떨어져 있는지(이생심피離生心皮), 아니면 합쳐져 있는지(합생심피合生心皮)에 따라 다양한 유형이 존재한다. 심피의 수와 이생 또는 합생 여부에 따라, 심피 1개(예: 콩과 식물), 심피 다수, 이생(예: 딸기, 목련), 심피 다수, 합생(예: 무궁화, 백합) 등이있다.

135 지중해 지역이 원산지인 일년생 초본으로, 씨앗이 검다고 해서 '흑종초黑種草'라고도 부른다. 실과 같이 가늘게 형성된 초록잎이 특이하다. 여름에 파란색의 꽃이 핀다. 여러 개의심피로 구성된 열매가 가을에 익으면 연갈색으로 변하며, 마치 얇은 양피지 같은 모습을띤다.

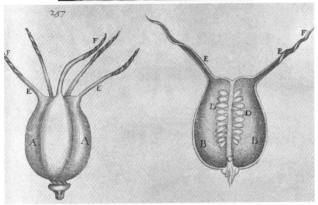

78절 | (위) 여러 개의 심피로 구성된 열매 내부에 씨가 들어있다(위키피디아).
(아래) 말피기가 그린 니겔라 다마세나*Nigella damascena* L. 열매(Malpighi, 1679).

79절

과피는 촉촉하고 부드럽거나 나무같이 단단한 경우가 있는데, 자연은 이
과피가 잎과 유사하다는 것을 좀처럼 드러내지 않습니다.[136] 그러나 우리
가 모든 변화과정을 주의 깊게 좇다 보면 그 유사성을 식별하지 못하는

---

136 흔히 과피가 부드럽고 물기가 많거나 단단한 목질로 되어있기 때문에 잎과 비슷하다는 것
    을 쉽게 알기 어렵다는 의미이다(78절 참조).

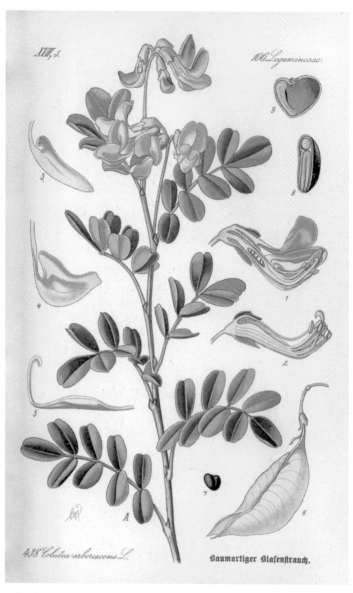

81절 | 괴테는 일명 '오줌보 콩'이라 불리는 콜루테아 아르보레센스*Colutea arborescens*의 열매에
들어있는 가스 성분을 분석 요청했다고 한다. 그림 오른쪽 아래에는 가스가 채워진
열매의 모습이 그려져 있다(Thomé, 1885).

경우는 없을 것입니다. 여기서는 그에 대한 일반적인 개념을 제시하고 몇 가지 사례를 통해 자연의 일관성을 보여주는 것으로 충분할 것입니다. 캡슐형 열매인 삭과蒴果는 다양하다 보니 향후 여러 측면에서 관찰을 이어갈 대상이 될 것입니다.

80절

다수의 식물에서 삭과가 전술한 다른 부분들과 유사하다는 점은 바로 열매 위에 꼭 붙어있는 암술머리에서도 나타납니다. 우리는 암술머리가 꽃잎 모습과 비슷하다는 사실을 이미 확인했지만,[137] 여기서 다시 한번 거론할 만합니다. 겹양귀비속Papaver에서는 삭과 위에 달린 암술머리가 꽃잎과 아주 흡사하게, 유색의 부드러운 작은 잎으로 변한다는 것을 알 수 있지요.[138]

81절

식물의 성장 과정 중 마지막 단계이자 최대의 확장을 보여주는 것은 바로 열매입니다. 열매는 그 내재된 힘뿐 아니라 외형도 매우 특별하고 놀랍습니다. 일반적으로 열매는 수정된 후에 발달하므로, 이제 수정된 씨는 성장을 위해 식물의 모든 부위에서 과피 쪽으로 수액을 끌어오는 것 같습니다. 그로 인해 영양분을 공급받은 관다발은 최대한 확대되고 가득 채워져 펼쳐집니다. 이전의 논의에서 추론했던 바와 같이,[139] 여기에는 가스의 역할이 크다는 것을 알 수 있는데, 콜루테아속Colutea의 부풀어 오른 꼬투리에 순수한 가스가 채워져 있다는 사실은 경험상 확인되었습니다.[140]

---

137 71절 참조.
138 양귀비 열매의 윗부분에 우산처럼 펼쳐진 것이 암술머리이다. 마치 작은 잎이 모여 있는 것처럼 보인다.
139 25절, 26절 참조.
140 콜루테아속Colutea: 지중해 지역이나 중앙아시아에 자생하는 콩과 식물로, 관목이다. 열매인 콩깍지(협과)가 익으면 공처럼 부풀어 올라, '바람 콩', '오줌보 콩' 등으로 불린다. 괴테는 화학자인 예나대학의 교수 바켄로더H. Wackenroder에게 콜루테아 아르보레센스

제11장

씨를 직접 감싸는
외피[141]에 대하여

83절 | 단풍나무속Acer의 열매는 마치 부메랑처럼 생겼는데, 이와 같은 열매를 시과翅果라고 한다. 둥글게 생긴 씨에 날개가 달린 모습을 괴테는 '씨에 완벽하게 맞지 않는 잎 모양의 흔적'이라 표현했다.

82절

열매와 달리 씨는 그 내부가 고도로 수축되어 완성된 상태라는 것을 알 수 있지요. 씨는 잎을 자신의 외피로 바꾸어 제 몸에 맞추고, 대개는 스스로 그 외피를 전부 닫아 형태를 완전히 변형시키는 것 같습니다.[142] 위에서 우리는 여러 씨가 하나의 잎 안팎에서 자라는 것을 보았으므로,[143] 하나의 밑씨가 잎에 싸여있어도 그리 놀라운 일이 아닙니다.

---

141 '씨를 직접 감싸는 외피'란 종피種皮/seed coat, 즉 씨의 껍질을 말한다.

142 괴테는 씨의 외피가 잎이 변형되어 생긴 것으로 생각했으나, 현재 밝혀진 바로는 피자식물의 밑씨(배주胚珠)는 1개 또는 2개의 주피珠被/integument로 싸여 있는데, 외부를 감싸는 이 주피가 발달하여 씨의 껍질(種皮)이 되는 것으로 알려져 있다.

143 76절 참조.

83절 | 일명 금잔화라고 불리는 카렌둘라*Calendula officinalis* L. 열매.
원형의 고리 모양(윤상체輪狀體)을 하고 있으며 돌기가 있다(위키피디아).

83절

한편 여러 종류의 시과翅果[144]에서 씨에 완벽하게 맞지 않는 잎 모양의
흔적을 찾을 수 있는데, 예를 들면 단풍나무, 느릅나무, 물푸레나무, 자작
나무 등의 씨가 그렇습니다. 금잔화속*Calendula*은 아주 특이한 사례로,
밑씨[145]가 넓은 총포總苞[146]를 점차 수축시키고 딱 맞게 변형시켜 서로 다

---

144 시과翅果: 과피가 얇은 막 모양으로 돌출하여 날개처럼 생긴 열매. 씨방벽이 자라 얇은 잎
    이나 날개 모습을 띤다. 단풍나무과의 열매가 대표적인데, 마치 부메랑처럼 생겼다. 둥글
    게 생긴 씨에 날개가 달린 모습을 괴테는 '씨에 완벽하게 맞지 않는 잎 모양의 흔적'이라
    표현했다.

145 밑씨: 수정 후 자라서 씨가 되는 부분으로 배주胚珠라고도 한다. 속씨식물에서 밑씨는 암
    술의 밑둥 부분에 있는 씨방 안에 들어 있다. 약간 부풀어 있는 구조로 되어 있는 씨방은
    그 안에 있는 밑씨가 자라면서 과육으로 성숙한다.

146 총포總苞: 꽃의 밑둥을 싸고 있는 비늘 모양의 조각(포린苞鱗)으로 보통 잎이 변해 생긴다.
    흔히 국화과의 두상화서에서 볼 수 있다. 참나무과 열매(도토리)의 아랫부분도 비늘 조각
    모양의 총포 조각들이 융합하여 형성된 컵 모양의 딱딱한 부분(각두殼斗)으로 싸여 있다.

른 형태의 씨로 이루어진 3개의 원형 고리 모양(윤상체輪狀體)을 만들어 냅니다.[147] 가장 바깥에 있는 굽은 열매는 꽃받침잎과 비슷한 모양이지만, 밑씨에서 확장된 잎맥이 잎을 구부리고 이 곡면 안쪽은 작은 막이 세로로 뻗어있어 양쪽으로 나뉘어집니다. 그다음 열매[148]는 총포의 소엽은 폭이 줄고 막도 전부 없어져 상당히 변형된 모습입니다. 그 형태는 조금 줄어든 반면, 바깥쪽에 자리잡은 밑씨는 더 뚜렷해지며 다소 융기된 부분은 더 단단합니다. 이 같은 밑씨는 아예 수정되지 않았거나 불안전하게 수정되었을 가능성이 있습니다. 이 두 밑씨에 이어 세 번째 열매는 총포가 굴곡진 부분에 완전히 들어맞게 발달하며 심하게 굽은 본래의 형태를 갖춰갑니다. 이미 위에서 꽃밥의 힘으로 꽃잎이 수축된 것을 보았듯이,[149] 여기서도 씨의 내재적 힘에 의해 잎처럼 넓게 펼쳐있던 부분이 강력한 힘으로 수축되는 것을 다시 한번 보게 됩니다.

---

147 국화과 금잔화속의 열매는 과피 속에 1개의 작은 씨가 들어있는 수과瘦果/achene이다. 금잔화의 일종인 카렌둘라 오피치날리스*Calendula officinalis*의 열매는 대개 휘어져 있으며, 가시같은 돌기가 달려 있다. 그 형태는 잎처럼 좁은 날개가 달려있는 것, 초승달처럼 굽은 것, 그리고 말려져 있는 것 등 3가지 유형의 열매를 달고 있다. 이처럼 다양한 형태의 열매로 발달하는 이유는 여러 산포 매체(동물, 바람 등)를 이용하기 위해서다. 수과는 열매가 익어도 과피, 즉 껍질이 말라서 목질이 되고(건과), 그 속에 씨를 가지는 열매로 국화과, 미나리아재비과 등에서 볼 수 있다. 열매가 익어도 껍질이 갈라지지 않으므로 건폐과라고 한다. 수과에 날개가 달린 것을 시과라고 한다.

148 이것은 두 번째 열매로, 중간에 자리잡은 굽은 열매이다.

149 48절 참조.

제12장

회고 및 전개

84절

지금까지 우리는 자연의 발자취를 최대한 신중하게 되짚어 보려고 노력해 왔습니다. 씨가 처음으로 발달하여 다시 새로운 씨가 형성되기까지 식물 외형의 모든 변화를 함께 살펴보았습니다. 우리는 자연현상의 원초적 동력을 밝히려는 오만함을 버리고, 식물이 하나의 동일한 기관을 점차적으로 변형시켜 나가는 힘의 표출 현상에만 주의를 기울였습니다. 한번 설정한 논의의 맥락을 잃지 않기 위해 일년생 식물만을 선택하여, 마디에 붙어있는 잎의 변형에만 주의를 기울여 관찰하고, 거기서 파생된 모든 형상을 추론하였습니다. 이제 우리는 이 논의의 완성도를 높이기 위해서, 잎 속에 감춰져 있다가 상황에 따라 발달하거나 흔적없이 사라지는 눈(芽)에 대해 좀 더 언급할 필요가 있을 것 같습니다.

제13장

눈[150]과
그 발달에 관하여

86절 | 식물의 줄기는 마디와 마디 사이가 반복되어 형성된다. 마디마다 잎이 달리고,
그 옆의 줄기와 잎 사이의 겨드랑이 꽃눈에서 피어난 인동꽃.

85절

본래 모든 마디는 하나 이상의 눈을 틔우는 타고난 힘을 가지고 있습니
다. 그것은 눈을 에워싸는 잎의 근처에서 벌어지므로, 잎이 눈의 형성과
성장을 준비하고 도와준다고 볼 수 있겠지요.

---

150 눈(아芽)bud은 식물의 어린싹으로, 형태나 위치, 상태 등에 따라 다양하게 불린다. 나중
에 줄기나 잎이 되는 잎눈(엽아葉芽), 꽃이 되는 꽃눈(화아花芽), 줄기 끝에 발생하는 끝
눈(정아頂芽), 줄기 옆에 생기는 곁눈(측아側芽), 줄기와 잎 사이의 겨드랑이에 나는 겨드
랑이눈(액아腋芽), 그리고 눈이 생성되어도 수년간 휴면상태로 잠자고 있는 숨은눈(잠아
潛芽) 등이 있다. 숨은눈은 줄기 껍질 속에 숨어 있어서 보통 때에는 자라지 않다가 가지
나 줄기를 자르거나 가지가 마르는 경우, 또는 갑자기 햇빛에 노출되는 등의 자극을 받으
면 자라기 시작하는 경우가 있다.

86절

마디가 하나씩 순차적으로 발달하고,[151] 각 마디마다 잎이 달리며, 또 그 옆에는 눈이 생성되다 보니, 식물의 번식은 처음에 단순하고 서서히 진행되는 듯합니다.

87절

한편 눈은 그 활동 양태가 성숙한 씨와 매우 유사하다고 알려져 있으며, 또 씨보다 눈에서 향후 그 식물의 전체 형상을 종종 더 잘 파악할 수 있는 경우도 있다고 합니다.

88절

눈에 있는 발근점發根點[152]을 찾는 것은 그리 쉬운 일은 아니지만, 씨앗에서처럼 그 안에 존재하며 특히 수분을 공급받으면 금방 발달합니다.

89절

눈은 떡잎이 필요치 않습니다. 그 이유는 눈이 이미 성숙한 모체母體 식물에 붙어있는 한 그로부터 충분한 영양분을 공급받을 수 있고, 설령 모체와 분리된다 하더라도 접목의 경우에는 접붙인 다른 식물에서, 또 꺾꽂이의 경우에는 새로 나온 뿌리에서 충분히 영양분을 얻을 수 있기 때문이지요.

90절

눈은 아직 제대로 발달되지 않은 마디와 잎으로 구성되는데,[153] 이 마디

---

151 113절 참조.

152 괴테는 마디와 눈에서도 뿌리를 내리고 자랄 수 있다고 생각했는데, 그 지점을 발근점 Wurzelpunkt/root point으로 정의하였다. 그는 속이 썩은 피나무 노거수를 베어냈을 때 위쪽 가지가 마치 땅에 뿌리를 내린 것처럼 이 썩은 부분에 깊게 뿌리를 뻗고 자라는 것을 발견하였다. 그는 피나무 상층부의 신선한 가지의 눈에서 발근점이 발달하여 노거수의 습하고 부패하는 몸통에서 영양분을 공급받고 성장한 것이라고 해석하였다.

153 눈은 식물의 생장점에서 만들어지는 어린 줄기나 잎, 꽃의 시원체始原體라고 할 수 있다.

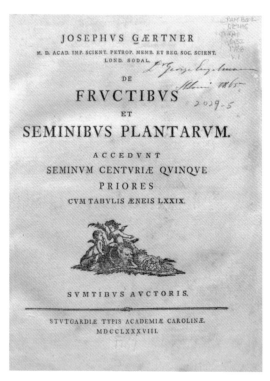

JOSEPHVS GÆRTNER
M. D. ACAD. IMP. SCIENT. PETROP. MEMB. ET REG. SOC. SCIENT.
LOND. SODAL.

DE

FRVCTIBVS

ET

SEMINIBVS PLANTARVM.

ACCEDVNT
SEMINVM CENTVRIÆ QVINQVE
PRIORES
CVM TABVLIS ÆNEIS LXXIX.

SVMTIBVS AVCTORIS.

STVTGARDIÆ TYPIS ACADEMIÆ CAROLINÆ.
MDCCLXXXVIII.

91절 | 괴테가 각주에 설명했던 게르트너 J. Gaertner의 『식물의 열매와 씨앗에 관하여』 표지.

와 잎은 향후 더 크게 성장할 것입니다. 그러므로 식물의 마디에서 나온 곁가지는 마치 땅에 뿌리박고 자라는 모체 식물처럼 모체에 붙어있는 별도의 작은 식물체로 볼 수 있지요.

91절

씨와 눈은 자주 비교 또는 대조되는데, 최근에는 더 예리하고 면밀하게 연구되고 있습니다. 그러므로 여기서 우리는 그 결과에 전적으로 동의하며 준거로 삼을 만합니다.[154]

그러므로 아직 형태적으로나 기능적으로 미성숙하고 미분화된 상태이다.

154 괴테는 이에 대해 독일 식물학자인 요셉 게르트너 Joseph Gaertner(1732~1791)가 1788

92절

이와 관련해서는 다음 사항만을 언급하도록 하지요. 성숙한 식물에서 자연은 눈과 씨를 정확하게 구분하여 드러냅니다. 그러나 미숙한 상태에서는 가장 예리한 관찰자들조차 그 둘의 차이를 구분하기 어렵습니다. 누구나 인정하듯, 씨와 무성아無性芽/Gemma[155]의 차이는 분명 존재합니다. 그렇지만 모체 식물에서 암술과 수술에 의해 수정되어 분리된 씨와 식물체에서 갑자기 발생했다가 원인 불명으로 분리되는 무성아와의 접점은 지성知性으로 인식 가능할 뿐, 결코 감성感性으로 지각할 수 없다는 사실입니다.

93절

위 사항을 고려하여 다음과 같이 추론해 볼 수 있습니다. 씨는 완전히 닫혀있어 눈과 다르고, 또 생성과 분리의 과정이 가시적이기 때문에 무성아와 다르지만, 그럼에도 씨는 이 둘과 서로 밀접한 관계에 있다는 것입니다.

년에 출간한 연구서 『식물의 열매와 씨앗에 관하여De fructibus et seminibus plantarum』 Chapt. I을 각주로 표기하였다. 게르트너는 이 책에서 약 1,000여 속屬이 넘는 식물의 열매와 씨앗에 관해 상세히 기술하였다. 찰스 다윈의 『종의 기원』에도 그의 연구와 업적이 자주 인용되었다.

155 무성아無性芽/Gemma: 식물체의 일부가 모체에서 분리되어 새로운 개체로 분화한 부분. 흔히 선태식물蘚苔植物에서 볼 수 있다. gemma(겜마)는 라틴어로 원래 눈(싹)을 가리키는 용어이다.

제14장

복합 구조의 꽃차례[156]와
겹열매[157]의 형성

94절

지금까지 우리는 단꽃차례와 삭과 안에 고정되어 성장하는 씨앗도 마디에 달린 잎이 변해서 된 것이라 설명해왔습니다. 그런데 좀 더 자세히 조사해보면, 그런 경우에는 눈이 발달하지 않고 아예 그럴 가능성조차 없다는 사실을 알 수 있습니다. 그러나 하나의 원추형이나 방추형, 원반형 등과 같은 형태로 배열된 복합 구조의 꽃차례뿐 아니라 겹열매(복과複果)를 설명하기 위해서는 이제 눈이 어떻게 발달하는가를 살펴봐야 합니다.

95절

줄기는 오랫동안 힘을 비축하고 준비하여 한송이의 꽃을 피우는 대신 마디에서 바로 꽃을 피우고, 이 과정이 줄기 끝까지 계속되는 경우가 흔합니다. 그러나 그 과정에서 발생하는 현상은 이미 전술한 이론으로 설명될 수 있습니다. 눈에서 발달한 꽃들은 모두 모체 식물이 땅에서 자라는 것처럼 모체에 달려있는 별개의 식물체로 간주할 만합니다.[158] 그런데 어린 가지에서 맨 처음 나오는 잎들은 마디에서 더 순수한 용액을 공급받기 때문에 떡잎 다음에 나오는 모체의 첫 번째 잎들보다 훨씬 더 발달된 것처럼

---

156 복합 구조의 꽃차례: 꽃차례는 화서花序/inflorescence라고도 하는데, 여러 개의 꽃이 꽃대에 붙는 순서나 배열을 말한다. 여러 개의 꽃이 순차적으로 피는 꽃차례의 발달은 식물 생존에 중요하다. 꽃이 순차적으로 피면 개화시기를 연장할 수 있어 수분 매개체(곤충 등)의 방문 기회가 늘고, 또한 함께 모여 피면 시각적, 후각적 효과를 증가시켜 수분 확률을 높이는 장점이 있다. 꽃차례는 크게 단꽃차례(단일화서單一花序)와 복꽃차례(복합화서複合花序)로 나눈다. 본문의 '복합 구조의 꽃차례'는 복꽃차례를 쉽게 풀어 쓴 표현이다. 단꽃차례(단일화서)는 간단한 구조를 보이는 꽃차례로 꽃들이 주로 화서축(花序軸)에 직접 달리며, 꽃이 아래에서 위로 피는 무한꽃차례(무한화서無限花序)와 위에서 아래로 피는 유한꽃차례(유한화서有限花序)로 구분한다. 복꽃차례(복합화서)는 단꽃차례가 모여 복잡한 구조를 이루는 일종의 복합형 꽃차례로 꽃들이 2차 이상으로 분지하는 화서축에 붙는다. 한편 튤립, 목련, 백합, 모란 등과 같이 화서가 1개의 꽃으로만 이루어진 경우를 단정꽃차례(단정화서單頂花序)라고 한다.

157 겹열매: 흔히 복과複果/compound fruit라고 한다. 2개 이상의 암술을 가지고 있어 1개의 꽃에서 여러 개의 열매를 맺는 것으로 겉에서는 1개의 열매로 보인다. 나무딸기, 뽕나무 열매가 대표적이다.

158 90절 참조.

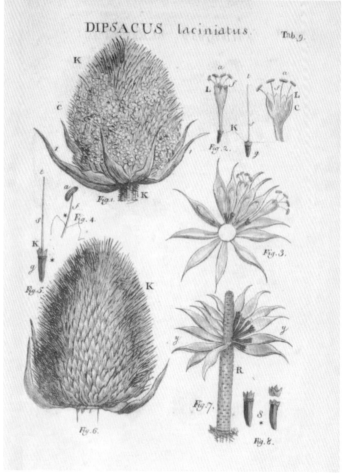

99절 | (위) 흰색의 꽃이 두상꽃차례를 이루며, 꽃받침 부분에 가시처럼
생긴 피침형의 포苞가 있는 딥사쿠스 라치니아투스(위키피디아). (아래) 딥사쿠스 라치니아투스
Dipsacus laciniatus L.의 꽃과 꽃받침을 그린 도판(Miller, John & Weiss, Friedrich Wilhelm, 1789).

괴테의 식물변형론

보입니다. 실제로 꽃받침과 꽃이 금방 형성될 가능성도 종종 있고요.

96절

눈에서 발달된 이 꽃들도 더 많은 영양분을 받았다면 가지가 되었을 것이고, 그런 상황에서는 모체의 줄기와 똑같은 성장 과정을 겪었을 겁니다.

97절

이제 마디마다 꽃들이 발달함에 따라, 앞서 보았듯이 줄기의 잎이 서서히 꽃받침으로 바뀌는 것과 같은 동일한 변화를 볼 수 있습니다.[159] 잎은 점점 더 수축되어 끝내는 거의 사라집니다. 결국 보통 잎과는 조금 다른 형태를 띠는데, 이를 포엽苞葉[160]이라 부릅니다. 이와 함께 줄기도 가늘어지고 마디도 줄어들며 앞서 설명한 모든 현상들이 진행되지만, 줄기 끝에는 분명한 화서가 형성되지 않습니다. 그 이유는 눈이 연속적으로 발달하면서 자연이 준비해놓은 과정이 이미 완결되었기 때문이지요.

98절

지금까지는 각각의 마디가 꽃으로 장식된 줄기를 관찰했습니다. 아울러 위에서 언급한 꽃받침의 생성과정을 토대로 이제 곧 복합 구조의 꽃차례도 설명할 수 있을 것입니다.

99절

자연은 하나의 축을 중심으로 여러 잎을 차곡차곡 포개고 모아서 융합된 꽃받침을 형성합니다. 바로 이와 같은 강력한 충동으로, 자연은 줄기를 끊임없이 발달시키며, 줄기에서 나온 눈을 한꺼번에 최대한 조밀한 꽃의 형태로 발전시킵니다. 그리고 각각의 작은 꽃 아래에 있는 씨방에서는

---

159 31절 참조.

160 포엽苞葉/bract: '포苞'라고도 하며, 꽃의 아래쪽이나 꽃자루에 형성되는 작은 잎을 말한다. 보통 하나의 꽃이나 꽃차례를 싸고 있거나 꽃눈이나 꽃봉오리를 덮어 보호하는 역할을 한다.

수정이 일어납니다. 이렇게 엄청난 수축이 일어난다고 해서 반드시 마디에 달린 잎이 사라지는 것은 아닙니다. 예를 들어 엉겅퀴류의 작은 잎[161]은 바로 옆의 눈에서 발달된 작은 꽃을 충실히 따르는 듯 붙어있지요. 이 절節에서 설명한 내용을 딥사쿠스 라치니아투스Dipsacus laciniatus[162]의 형태와 비교해 보시기 바랍니다. 벼과에 속하는 대부분의 식물은 각각의 꽃에 이런 작은 잎이 달려있는데, 이를 포영苞穎[163]이라고 부릅니다.

100절
따라서 복합 구조의 꽃차례에서 발달된 씨는 암술과 수술의 수정에 의해 형성되고 발달된 진정한 눈이었다는 사실이 비로소 분명해졌습니다. 이 사실을 확실히 유념하며 다양한 식물의 성장과 열매를 관찰한다면, 몇 가지 비교를 통해 이를 확신할 수 있을 것입니다.

101절
그렇다면 개개의 꽃 중앙에 종종 방추형으로 모여있는 피자식물이나 나자식물의 열매 배열을 설명하는 것도 그리 어렵지 않을 겁니다. 그 배열 방식은 각각의 꽃이 겹씨방(복자예複雌蕊)[164]를 둘러싸고 있는지, 또 융합된 암술들이 꽃밥에서 수정액을 빨아들여 밑씨에 공급하는지, 또는 각각의 밑씨는 고유의 암술이나 꽃밥, 그리고 꽃잎을 가지고 있는지의 여부와는 전혀 상관없습니다.

---

161 엉겅퀴류의 작은 잎은 포, 또는 포엽을 말한다.

162 딥사쿠스 라치니아투스Dipsacus laciniatus: 산토끼꽃속Dipsacus의 식물로, 남부 유럽이나 서아시아의 척박한 지역이나 숲 가장자리에 자란다. 흰색의 꽃이 두상꽃차례를 이루며, 꽃받침 부분에 가시처럼 생긴 피침형의 포가 있다.

163 포영苞穎/glume: 사초과와 벼과의 꽃에서 화서(꽃차례)축 맨 밑에 달리는 작은 포엽을 포영이라 한다. 보통 안팎에 2개씩 달린다.

164 겹씨방: 꽃의 씨방이 2개 또는 그 이상의 심피로 구성된 암술을 뜻하며, 복자예複雌蕊/compound pistil라고도 한다. 여러 심피가 결합하여 생긴 자방이라 하여 복자방(複子房), 또는 복심피자방(78절 니겔라속의 사진 참조)이라고도 한다. 벚나무처럼 1개의 심피로 이루어진 간단한 씨방은 홑씨방(단자예單雌蕊/simple pistil)이라고 한다.

102절

조금만 익숙해지면 이런 방식으로 꽃과 열매의 다양한 모습을 설명하는 일도 비교적 수월할 것이라고 확신합니다. 그러기 위해서는 위에서 규명한 확장과 수축, 그리고 밀집과 문합의 개념을 마치 대수학 공식을 손쉽게 다루듯이 적재적소에 적용할 줄 알아야 합니다. 또한 속屬과 종種, 변종變種 등의 생성뿐 아니라 모든 식물의 성장에까지 자연이 일일이 관여하는 여러 단계를 정확하게 관찰하고 서로 비교하는 것이 매우 중요합니다. 그런 의미에서 이 최종 목표를 위해서는 식물 도감과 대조해보고 식물학적 용어를 그에 합당한 부분에 적용해 보는 것이 바람직하고 유용할 것입니다. 이 대목에서 관생화貫生花[165]의 두 가지 사례를 제시한다면, 위에 열거했던 이론을 뒷받침하는 데 매우 결정적인 도움이 될 것 같습니다.

---

165 관생화貫生花/proliferous flower: 꽃 속에 작은 꽃이 형성되는 기형화畸形花. 관생貫生/proliferation이란 줄기의 끝에서 생장이 정지된 성질을 갖는 꽃이나 꽃차례가 어떤 자극에 의해 끝부분에 잠재된 생장점이 활성화되거나 부정아가 생기면서 꽃이 반복해서 피거나 가지로 되돌아가는 현상을 뜻한다. 국화과, 장미과 등에서 자주 나타난다. '貫'이 '꿰다', '뚫다'라는 뜻이라는 것을 생각하면 이해하기 쉽다.

제15장

장미 관생화[166]

103절 | 장미 관생화(Hessen, 2021).

103절 | 영국의 식물학자 맥스웰 마스터스의 『식물 기형학Vegetable Teratology』에 수록된
장미 관생화Proliferous rose(Masters, 1869).

103절

지금까지 우리가 상상력과 지성으로만 이해하려고 했던 모든 것들은 장미 관생화 사례를 통해 가장 명확해집니다. 관생화의 꽃받침과 화관은 중심축에 배열되어 발달하지만, 일반적으로 씨방이 중앙에 수축되고 암술과 수술이 그 주변에 배치되는 것과는 달리, 적색과 초록색이 반반씩 섞인 줄기가 다시 뻗어 오릅니다. 또 꽃밥의 흔적이 조금 남아있는, 작고 검붉은색을 띤 접힌 꽃잎이 그 위에 연속적으로 발달합니다. 줄기는 계속 자라고 그 위에 다시 가시가 나오며, 뒤따라 나오는 유색의 잎들은 점점 작아지다가, 마침내 우리 눈앞에서 적색과 초록색으로 반반씩 물든 잎으로 점차 변합니다. 그리고 일련의 정상적인 마디가 형성되며, 불완전하게나마 작은 장미의 꽃봉오리가 그 마디의 눈에서 다시 나타납니다.

104절

이 사례는 위에서 언급했던 내용, 즉 모든 꽃받침은 주변에서 수축된 꽃의 잎Folia floralia일 뿐이라는 사실을 가시적으로 증명합니다.[167] 이때 항상 축 주위에 모여있는 꽃받침은 온전히 발달한 5장의 복엽으로 구성되고, 각각의 복엽은 3~5장의 소엽으로 이루어져 있는데, 장미 가지에서는 일반적으로 마디에서 이러한 잎들이 나옵니다.

---

166 장미 꽃 한 가운데에서 줄기가 솟아올라 다시 꽃 모양을 하고 있는 이 기형적인 '장미 관생화Durchgewachsene Rose'는 괴테가 『식물변형론』을 쓰게 된 동기 중 하나이다. 괴테가 주장한 '잎이 모든 기관의 출발점'이라는 사고는 현대 식물학에서 몇몇 사례를 통해 입증되었다. 보통 꽃받침, 꽃잎, 수술, 암술 등 4개의 기관으로 이루어진 전형적인 꽃이 유전자의 유무에 따른 돌연변이로 인해 그중 하나, 또는 그 이상의 기관이 형성되지 못하고 이상한 형태의 기형꽃을 형성하기도 하는데, 애기장대가 그 대표적 사례이다. 꽃받침과 꽃잎을 만드는 유전자(A군), 꽃잎과 수술을 만드는 유전자(B군), 수술과 암술을 만드는 유전자(C군)에서 각각의 변이가 일어날 경우, 꽃받침이나 꽃잎, 수술, 암술 등에서 변이가 일어나 그 기관이 형성되지 않는 경우가 있다. 만약 A, B, C 3개 군 유전자 모두에서 이상이 생기면 모두 잎만으로 구성된 꽃이 형성되는데, 괴테가 주장한 '꽃은 잎의 변형'이라는 가설을 증명하는 사례가 된다. 이런 기형적 꽃은 괴테 이후에도 계속 연구되어, 영국의 식물학자 맥스웰 마스터스Maxwell Tylden Masters(1833~1907)는 1869년 『식물기형학 Vegetable Teratology』이라는 책에서, 꽃을 만드는 기관이 변형되는 이런 현상을 엽화葉化/phyllody라고 이름 붙였다. 한편 이러한 기형적 현상의 주요 원인은 파이토플라스마 phytoplasma라고 불리는 기생박테리아로 밝혀졌다.

104절 | 유럽의 들장미*Rosa canina*(Thomé, 1885).

---

167 34절 참조.

제16장

카네이션 관생화[168]

105절

우리가 이 현상을 제대로 관찰했더라도, 카네이션 관생화에 나타나는 또 다른 현상은 더욱 특이한 사례가 될 것입니다. 이것은 꽃받침이 있고 게다가 꽃잎도 겹꽃잎이며 중앙에는 다소 불완전하나마 씨방까지 갖춘 하나의 완결된 꽃입니다. 화관의 측면에서는 4개의 새롭고 온전한 꽃이 발달하는데, 줄기가 3개 이상의 마디로 구성되어 모화母花에서 분리되어 있습니다. 이 새로 난 꽃들 역시 꽃받침을 가지고 있으며, 그것들은 낱장이 아니라 여러 장의 꽃잎이 꽃자루에 유착된 화관처럼 형성되거나, 대부분 작은 가지처럼 발달하여 줄기 주위에 유착된 꽃잎으로 이루어져 있습니다. 이처럼 대단한 생장을 하면서도 일부 꽃에는 수술대와 꽃밥이 달립니다. 또한 암술대가 달린 씨방벽도 보이고 꽃턱[169]이 다시 잎으로 발달하는 것도 있습니다. 어떤 것은 과피가 온전한 꽃받침에 유착되어 또 다른 겹꽃으로 완벽하게 발달할 가능성이 있었습니다.

106절

장미 관생화에서 우리는 꽃의 한가운데에서 줄기가 다시 나오고, 거기에서 새로운 줄기잎이 발달하는, 이를테면 절반 정도만 완성된 화서를 관찰했습니다. 그런데 이 카네이션은 꽃받침이 완전히 발달하고 화관도 완벽하며, 중앙에 씨방까지 제대로 자리 잡고 있었습니다. 또 둥글게 늘어선

---

168 괴테는 『식물변형론』을 쓰기 2년 전인 1787년 5월 17일 이탈리아 나폴리 여행에서 카네이션에 관한 일화를 다음과 같이 언급하였다. "가장 눈에 띄는 것은 관목처럼 높게 자란 카네이션 줄기였다. 놀라운 생존력과 번식력을 가진 이 식물은, 줄기에는 눈이 연달아 붙어있고 마디는 이어져 있다. 이런 현상은 줄기에서 한동안 활발하게 지속되고 눈은 아주 비좁은 틈에서도 최대한 생장했을 것이다. 그리하여 꽃이 만개하고서도 그 속에서 다시 4개의 완벽한 꽃을 피웠을 것이다. 이 놀라운 모습을 보존할 방법이 달리 없어 그것을 자세히 그려 놓았는데, 그럴 때마다 항상 변형의 기본 개념에 대해 조금씩 깨닫게 되었다."

169 꽃턱: '화탁花托/receptacle'이라고 한다. 꽃받침, 꽃잎(꽃부리), 수술, 암술 등 꽃의 4가지 기관이 자라는 부위를 말하며, 흔히 꽃자루pedicel 위쪽의 다소 두껍고 녹색을 띤 부위를 가리킨다. 꽃턱이 컵 모양으로 자라면 그 안쪽에 씨방이 자리 잡기도 한다(하위씨방). 이 경우에는 꽃턱이나 꽃받침잎, 꽃잎, 수술 등의 조직이 열매로 될 수 있다. 매실, 사과, 배, 딸기 등에서는 꽃턱이 자라 열매의 한 부분이 되기도 한다.

꽃잎 주변에서 눈이 발달하고 그것이 실제로 가지와 꽃으로 나타납니다. 따라서 이 두 가지 관생화 사례는 보통 자연이 꽃에서 성장 과정을 일단 멈추고 소위 결산을 한다는 것을 보여줍니다. 즉, 결실의 목표를 좀 더 빨리 달성하기 위해, 개별 단계의 무한한 성장 가능성을 스스로 중단한다는 사실입니다.

제17장

린네의 예측 이론[170]

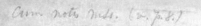

D. D.

PROLEPSIS PLANTARUM

QUAM,

CONSENS. NOBIL. nec non EXPER. ORD. MED.
IN ILLUSTR. AD SALAM. SVION. ATHENÆO,

PRÆSIDE,

VIRO NOBILISSIMO atque EXPERIENTISS.

Dn. Doct. CAROLO LINNÆO,

EQUITE AURATO DE STELLA POLARI
SÆ REG. M:TIS ARCHIATRO MED. & BOTAN.
PROFESSORE REG. & ORD. ACAD UPS. HOLMIENS.
PETROPOL. BEROL. IMPERIAL. LONDIN. MONSPEL.
TOLOS. FLORENT. SOCIO.

Publico examini submittit

HINRICUS ULLMARK,

VERMELANDUS.

IN AUDIT. CAR. MAJ. DIE XXII. DECEMBRI
ANNI MDCCLX.

H. A. M. S.

UPSALIÆ.

107절 | 린네의 『식물의 조발Prolepsis Plantarum』(1760) 속표지.

---

170 린네의 이 이론은 프롤렙시스prolepsis, 즉 앞으로 일어날 일을 현재에 예측한다는 개념으로, 과거의 경험을 현재로 가져온다는 아남네시스Anamnesis와 상대적인 개념이다. 프롤렙시스prolepsis를 본문에서는 다음 해에 자라야 할 식물의 일부 조직(예: 꽃, 눈 등)이 미리 자란다는 의미에서 '조발早發(조기 발달)'로 번역하였다(109절 참조).

171 '위대한 스승'이란 린네를 가리킨다.

172 원주에는 "Ferber in Præsatione Dissertationis secundæ de Prolepsi Plantarum(페르버의 식물 조발에 관한 두 번째 담론의 서문)"라고 표기되어 있다.
    괴테가 원문에서 언급한 요한 야콥 페르버Johann Jacob Ferber(1743~1790)는 스웨덴의

Soboles *PRÆSENTIS* anni *Folia* funt; *INSE-*
QUENTIS Bracteæ;*TERTII* Perianthium;*QUAR-*
TI Petula; *QUINTI* Stamina; ftaminibusque ex-
hauftis Piftillum. Patent hæc: per fefex Ornithoga-
lis; Luxuriantibus; Proliferis; Plenis & Carduis.

Syft. nat. 2. p. 826. n. 10.

§. I.

emo facile dubitaverit, quin
plantarum natura, quam ani-
malium, multo fit fimplici-
or; adeoque mirum non eft, fi
in illius fcientiæ adyta penetra-
re difficile fit. *Malpighius* &
Grewius, per Anatomiam, fibi
viam eo parare tentárunt; *Hales* & alii per Phyfio-
logiam. Tertiam vero ingredi viam mihi propo-
fui, ductum fecuturus *§. X. in Syft.Nat.pag. 826.*
ut alii, quibus hæc via infveta eft, eam fine errore
A   fequi

107절 | 린네의 『식물의 조발』 맨 앞 페이지.

107절

위대한 스승[171]의 지도하에 탐구했던 필자의 선배 학자 중 한 분[172]은 이런 연구가 매우 어렵고 조심스럽다고 서술하였습니다. 설령 제가 이 과정에서 이리저리 방황하느라 제대로 성과를 내지 못하고, 또 후학을 위해 이

학자로, 1763년에 스승인 린네와 공동으로 『식물의 조발早發에 대한 연구Disquisitio de prolepsi plantarum』라는 논문을 출간하였다. 린네는 이보다 앞선 1760년에 유사한 내용의 책 『식물의 조발』을 출간하였다.

분야의 난제를 해결하지 못했을지라도, 필자의 이런 노력이 헛되지 않았으면 하는 바람입니다.

108절

이제 린네가 이러한 현상들을 설명하기 위해 제시한 이론[173]에 대해 생각해 보기로 하겠습니다. 예리하게도 그는 본 논고의 계기가 된 내용들 역시 놓치지 않았습니다. 그런데 그가 멈춰 선 지점보다 우리가 한발 더 나아갈 수 있다면, 그것은 수많은 장애물과 편견들을 넘어섰던 여러 관찰자와 사상가 들이 다함께 노력한 덕분입니다. 린네의 이론과 본 논고를 정확하게 비교하려면 긴 시간이 필요할 것입니다. 전문가라면 그것을 직접 비교해 볼 수 있겠지만, 아직 이 분야에 대해 생각해보지 않은 사람들에게는 그것을 명확하게 이해하는 것이 쉽지 않을 수도 있을 것입니다. 다만 여기서 우리는 목표 달성을 위해 더 나아가려 했던 린네에게 걸림돌이 되었던 것이 무엇인가를 간략하게 짚어볼까 합니다.

109절

우선 린네는 성장 과정이 복잡하고 수명이 긴 식물인 나무를 주목하였습니다. 그는 큰 화분에 나무를 심어 양분을 넉넉하게 공급했을 때 수년 동안 연달아 가지를 뻗는 반면, 같은 나무를 비좁은 화분에 심은 경우에는 개화와 결실이 앞당겨지는 것을 관찰하였습니다. 그는 큰 화분에 심은 나무가 순차적으로 서서히 성장하는 반면, 좁은 화분에서는 그 과정이 갑자기 단축되는 것을 보았습니다. 그에게는 식물이 전술한 6단계[174]를 거치는 데 6년[175]이 예상되는 것처럼 보였으므로, 그는 자연의 이러한

---

173 린네가 제시한 이론이란 린네가 1760년에 출간한 책 『식물의 조발』을 말한다.

174 식물 성장의 6단계란 씨앗 → 잎 → 꽃받침 → 꽃잎 → 암술/수술 → 열매 등의 순차적인 성장을 말한다(73절 참조).

175 린네는 잎이 나고 꽃잎과 수술, 암술이 형성되기까지 6년이 걸린다고 생각하였다.

작용을 일종의 예기豫期/Antizipation,[176] 즉 조발무發/Prolepsis[177]이라고 명하였습니다. 그는 일년생 식물에 특별한 관심을 기울이지 않고 나무의 눈에 관한 이론을 발전시켰는데, 자신의 이론이 일년생 식물보다는 다년생 식물인 나무에 더 적합하다고 판단했기 때문입니다. 그의 이론대로라면 모든 일년생 식물[178]은 원래 성장 기간이 6년이어야 하는데 그 기간을 1년으로 단축하여 단번에 개화와 결실을 완성하고 그다음에는 시들어 버린다고 가정해야만 했기 때문입니다.

110절

우리는 린네와는 달리 우선 일년생 식물의 성장을 살펴보았습니다. 따라서 우리의 추론을 나무와 같은 다년생 식물에 쉽게 적용할 수 있을 것입니다. 그 이유는 수령이 가장 많은 고목古木에서 발생한 눈은 비록 오래된 줄기에서 발달했거나, 또는 그 눈 자체가 오랫동안 생장할 수 있을지라도, 일종의 일년생 식물로 간주할 수 있기 때문이지요.

111절

린네가 더 이상 자신의 이론을 발전시키지 못한 두 번째 이유는, 그가 식물의 줄기에 나타나는 다양한 동심원의 몸체, 즉 바깥쪽 수피,[179] 안쪽 수

---

176 예기豫期란 철학적 의미에서는 미래가 현재를 소환하는 의미로 해석되며, 선구先驅라고도 한다. 여기서는 식물의 기관들이 앞으로 발생할 기관들을 미리 앞당겨 발달시키는 것이라고 해석할 수 있다.

177 식물학에서 조발무發/prolepsis이란 어린싹이나 가지가 비정상적으로 일찍 나오는 것을 뜻한다. prolepsis는 고대 그리스어인 'πρόληψις(선행先行)'에서 유래했으며, 린네가 1760년에 출간한 책『식물의 조발』에서 처음으로 이 용어를 사용하였다. 괴테는 린네가 쓴 이 책의 내용 중 일부를『식물변형론』맨 앞장에 삽입하였다('해제 2.『식물변형론』에 관하여' 참조).

178 일년생 식물은 1년 이내에 발아, 성장, 개화 그리고 결실을 하고 죽는 식물로, 모든 생활사를 1년 안에 마무리 짓는다.

179 바깥쪽 수피: 외수피라고도 한다. 코르크형성층 바깥 조직으로, 모두 죽은 세포로 이루어져 있다.

피,[180] 목질부,[181] 속pith 등을 동일한 작용 하에 똑같이 살아있으며 필수적인 조직으로 간주하였기 때문입니다. 또한 꽃이나 열매가 줄기처럼 서로 둘러싸여 있고 따로 발달하는 것처럼 보인 탓에, 꽃과 열매 조직의 기원도 줄기의 동심원 안에 있다고 판단했기 때문입니다. 그러나 면밀히 살펴보면 이것은 결코 증명할 수 없는 피상적인 소견일 뿐입니다. 사실 바깥쪽 수피는 더 이상 어떤 것을 생산하기에 부적합합니다. 수명이 긴 나무의 경우 목질부가 내부에서 견고해지듯이, 바깥쪽 수피는 외부로 단단해지고 분리되는 덩어리입니다. 대부분의 나무에서는 바깥쪽 수피가 탈락되기도 하고, 어떤 나무들은 별 손상 없이 떼어낼 수도 있습니다. 그러므로 바깥쪽 수피는 꽃받침이나 그 어떤 살아있는 식물조직을 생산할 수 없는 것이지요. 생존과 성장에 필요한 모든 힘을 내포하고 있는 것은 두 번째 수피[182]입니다. 이것이 손상되면 그 정도에 따라 식물 성장도 방해를 받습니다. 자세히 살펴보면, 줄기에서 지속적으로 만들어지는 외부 기관이나 꽃과 열매에서 갑자기 발달하는 외부 기관들을 모두 생산해내는 것이 바로 이 부분입니다. 그런데 린네는 이 부분을 두고 단지 꽃잎을 생산하는 부차적인 의미밖에 부여하지 않았습니다.

반면에 목질부는 견고해져 활동을 멈추고 변하지 않으므로 생명 활동이 끝난 죽은 조직이라는 것을 잘 알 수 있었을 텐데, 수술을 만들어내는 중요한 역할을 한다고 하였습니다. 심지어 나무의 중심부인 속髓이 암술과 수많은 씨앗을 생산해내는 가장 중요한 기능을 가지고 있다고 생각했습니다.[183] 속이 그렇게까지 대단한 역할을 하는 것인가라는 의구심과 아울

---

180 안쪽 수피: 내수피라고도 한다. 코르크형성층을 포함한 안쪽에 있는 수피로, 살아있는 세포로 이루어져 있다.

181 목질부: 물과 양분의 통로와 기둥 역할을 하는 부분으로, 색깔이 연하고 부드러운 바깥쪽의 변재와 색깔이 진하고 단단한 심재를 통칭하는 부분이다.

182 수피 바로 안쪽에 자리잡고 있어서 두 번째 수피라고 한 듯하다. 흔히 수피는 외수피(바깥쪽 수피)와 내수피(안쪽 수피)로 이루어져 있으며, 내수피 바로 안쪽에 새로운 세포를 만들어 줄기나 뿌리의 부피생장을 일으키는 형성층cambium이 있다. 괴테는 이 형성층을 두 번째 수피로 표현한 듯하다.

183 27절 참조.

러 이를 반박하는 근거 또한 제게는 중요하고 결정적인 것입니다. 암술대와 열매는 처음에는 그 모습이 부드럽고 모호하며, 속과 비슷한 유조직 柔組織 상태입니다. 또 우리가 흔히 보던 속이 줄기의 가운데에 모여 있기 때문에 속에서부터 암술대와 열매가 발달되는 것처럼 보이는 것뿐이지요.[184]

184 이 절에서는 린네가 식물 조직의 생성과 성장 원리를 밝혀내고 조직의 구조와 기능을 밝히는 생리학자나 형태학자가 아니라 식물 간 유연관계類緣關係를 주로 연구한 분류학자였다는 것을 재확인할 수 있다. 그에 반해 괴테는 인문학자이면서도 관찰을 통해 식물조직의 구조와 기능, 형태를 면밀히 탐구한 자연과학적 사고의 소유자였음을 알 수 있다.

제18장

요약

112절

식물의 변형을 설명하려는 필자의 시도가 이러한 의구심을 해소하는 데 일정 부분 기여하고, 또한 추가적인 논평과 결론을 도출하는 계기가 되기를 희망합니다. 이 시론試論의 기반이 되는 관찰은 이미 상세하게 이루어졌으며 수집 및 정리도 되었으니,[185] 현재 우리가 걸어온 길이 진실에 근접한 것인지는 곧 드러나겠지요. 따라서 지금까지 논의한 주요 결과를 가능한 한 간략하게 요약할까 합니다.

113절

식물이 생명력을 표현하는 방식은 다음과 같이 두 가지로 진행된다는 것을 알 수 있습니다. 첫째는 줄기와 잎의 발달에 의한 성장, 둘째는 꽃과 열매로 완성되는 번식입니다. 성장 과정을 좀 더 자세히 들여다보면, 식물은 싹이 나면서 마디에서 마디로, 그리고 잎에서 잎으로 계속 자랍니다. 또 꽃과 열매에 의해 진행되는 번식 과정도 일어납니다. 성장 과정은 개별적인 발달이 잇달아 일어나는 순차적 현상이지만, 번식 과정은 한꺼번에 발생하는 것이 차이점이지요.[186] 싹을 틔우며 점차 외부로 표출되는

---

185 원주: Batsch 『Anleitung zur Kenntniss und Geschichte der Pflanzen』. 1 Theil, 19 Capitel. 괴테가 주석을 단 칼 바취의 책 『식물의 지식과 역사에 대한 입문서Anleitung zur Kenntniss und Geschichte der Pflanzen』는 1787년에 제1부가 출간되었으며, 다음 해인 1788년에는 같은 제목으로 제2부가 출간되었다. 원제목은 『식물의 지식과 역사에 대한 입문 시론 Versuch einer Anleitung zur Kenntniss und Geschichte der Pflanzen』이다. 독일의 식물학자이자 예나대학 교수였던 칼 바취는 괴테에게 식물에 관한 자문을 자주 해주었다. 1787년에 출간된 『식물의 지식과 역사에 대한 입문 시론』는 총 28장으로 구성되었으며 뿌리, 줄기, 잎, 탁엽, 꽃잎, 암술, 수술, 꽃받침, 열매 등 식물의 주요 기관에 대한 상세한 설명뿐 아니라 식물의 서식지나 생활사, 변이, 향기와 색, 질병과 천적 등을 망라한 방대한 식물학 입문서이다. 그중 괴테가 언급한 제19장 '변이Ausartung'에서 꽃, 잎, 줄기, 색깔 등의 변이에 관한 내용들이 자세히 서술되어 있어 괴테가 『식물변형론』을 집필하는 데 주요 참고 자료가 되었다. 괴테는 『식물변형론』이 출간되기 바로 전인 1789년 12월에 칼 바취에게 초고를 보내 그의 의견을 구했다.

186 식물의 생장은 크게 영양생장과 생식생장으로 나눌 수 있다. 영양생장은 종자의 발아부터 줄기, 잎, 뿌리 등의 영양기관이 생장하는 것을 말하고, 생식생장은 종자를 생산하기 위해 생식기관의 생장, 즉 꽃의 발생, 꽃가루받이, 종자의 성숙에 이르기까지의 생장을 뜻한다. 식물은 동물과 달리 생장점의 세포가 영양생장을 하다가 특정 시기에 생식생장으

힘[187]은 위대한 번식 과정에서 한꺼번에 나타나는 힘[188]과 매우 밀접한 관련이 있습니다. 여러 상황을 조정하여 식물이 계속 싹을 틔우게 하거나 반대로 개화를 촉진시킬 수도 있습니다. 천연의 수액[189]이 많이 공급되면 지속적으로 싹을 틔울 수 있고, 정신적인 힘[190]이 그것을 넘어서면 개화를 촉진시킬 수 있습니다.

114절

우리는 싹이 자라는 것을 점진적 번식으로,[191] 꽃과 열매가 맺히는 것을 동시적 번식[192]이라 표현함으로써 이 두 가지 방식이 어떻게 나타나는지도 설명하였습니다. 식물에 싹이 나면 어느 정도 자라서 가지나 줄기를 발달시키고, 마디 사이가 대부분 눈에 띄게 벌어지며, 잎은 줄기에서 사방으로 뻗어나갑니다. 반면에 식물이 꽃을 피우면 모든 부분이 수축되어 길이와 폭이 더 이상 자라지 않고, 모든 기관은 고도로 응집하여 함께 발달합니다.

115절

식물이 싹을 틔우고 꽃을 피우며 열매를 맺는 등 그 예정된 목적이 다양하고 형태가 다를지라도, 자연의 법칙을 이행하는 것은 항상 동일한 기관입니다. 이 같은 기관은 줄기에서 잎으로 확장되어 매우 다양한 형태를 띠게 됩니다. 꽃받침에서는 수축하고, 꽃잎에서는 다시 확장되며, 생식기관에서는 수축하다가 마지막에는 열매로 확장됩니다.

로 바뀐다. 영양생장은 소비생장인 반면, 생식생장은 축적생장이다.

187 '싹을 틔우며 점차 외부로 표출되는 힘'은 영양생식을 의미한다.

188 '번식 과정에서 한꺼번에 나타나는 힘'은 생식생장을 의미한다.

189 '천연의 수액'이란 무엇인가를 더 첨가하거나 가공하지 않은 수액으로, 뿌리에서 흡수된 흙 속의 물과 용해된 무기물질로 구성되어 있다.

190 '정신적인 힘'이란 성장에는 물질적인 양분을 공급하는 것이 중요한 반면 번식에는 비물질적인 힘, 즉 사랑과 같은 정신적인 힘이 필요하다는 문학적 표현인 듯싶다. 그 배경은 역자 후기의 관련 내용('정신적 문합')을 참조하라.

191 '점진적 번식'이란: 영양생장을 의미한다.

192 '동시적 번식'이란: 생식생장을 의미한다.

116절

자연의 이런 작용은 또다른 작용을 수반하여, 여러 기관들이 정해진 수와 양에 따라 하나의 중심부로 모여듭니다. 그러나 특정 상황에서는 많은 꽃들이 이런 정해진 틀을 벗어나 다양하게 변화합니다.

117절

마찬가지로 문합은 꽃과 열매의 형성에 중요한 역할을 합니다. 열매를 맺을 때는 매우 섬세한 부분들이 서로 가까이 모이는데, 이것들을 밀접하게 결합시키는 문합은 열매가 익을 때까지 내내 지속되거나 일정 기간만 지속되기도 합니다.

118절

그러나 이렇게 서로 밀집하거나 중심부로 모이는 현상을 비롯한 문합 현상 등은 꽃이나 열매에서만 일어나는 것은 아닙니다. 오히려 떡잎에서도 비슷한 점을 발견할 수 있고, 앞으로 다른 부분에서도 유사한 사례를 찾을 수 있는 소재가 충분할 것입니다.

119절

지금껏 우리는 싹을 틔우고 꽃을 피우는 식물의 여러 기관들이, 실은 모든 마디에서 흔히 발달하는 단 하나의 기관, 즉 잎에서 비롯된 것임을 설명하고자 노력해왔습니다. 또한 씨를 단단히 감싸고 있는 열매의 기원을 잎의 형태에서 찾으려고 과감히 시도해 보았습니다.

120절

이처럼 다양한 형태로 변하는 기관을 표현하고, 그 형상에 나타나는 모든 현상을 그것과 비교해 볼 수 있는 포괄적인 용어가 필요하다는 것은 자명한 사실입니다.[193] 현재는 형태 변화 현상의 전후를 서로 비교해보는

---

193 괴테는 식물의 모든 변형과 그 현상을 포괄적으로 설명할 수 있는 용어로 '원형식물'을 생각하였다. 그는 이탈리아 나폴리 여행 중 이 내용과 관련하여 1787년 5월 17일 요한 고트

것으로 만족해야 합니다. 수술은 꽃잎이 수축된 것이고, 꽃잎은 수술이 확장된 상태라고 할 수 있지요. 또한 꽃받침은 좀더 섬세해지고 가까이 모여 수축된 잎이고, 잎은 천연의 수액이 유입되어 확장된 꽃받침이라고 표현할 수 있을 것입니다.

121절
마찬가지로 꽃과 열매는 줄기가 수축된 것이라고 했던 것처럼, 줄기는 꽃과 열매가 확장된 것이라고 표현할 수 있겠지요.

122절
그 외에도 필자는 이 논고의 마무리에서 눈의 발달을 관찰하여 복합화서와 나자식물의 열매도 설명하고자 했습니다.

123절
필자는 지금까지 스스로 확신하는 소견을 가능한 한 명확하고 온전히 설명하려고 노력했습니다. 그럼에도 불구하고 여전히 명백한 증거가 부족하고 수많은 반론이 제기될 수도 있으며, 제가 설명한 방식이 적용되지 않는 경우도 있을 것입니다. 그러므로 필자는 이와 관련한 모든 이의異議에 유념하고, 앞으로 이 내용을 더욱 정확하고 철저하게 탐구하여 제 관점이 더욱 명확해질 수 있도록 노력할 것입니다. 또한 이 논고가 지금보다는 더 대중적인 지지를 얻을 수 있도록 노력하는 것이 필자의 의무라고 생각합니다.

프리트 폰 헤르더Johann Gottfried von Herder에게 다음과 같이 썼다.
"원형식물은 자연도 나를 부러워할 만큼 세상에서 가장 놀라운 존재가 될 것입니다. 이 모델과 해법을 통해 일관되게 설명할 수 있는 식물들을 무궁무진하게 찾아낼 수 있지요. 즉, 그런 식물이 실재하진 않더라도 그림이나 상상 속의 환영과 허상이 아니라 내면의 진리와 필연성을 가지기 때문에 이 모델이 존재할 수 있습니다. 이와 같은 법칙은 다른 모든 생물체에도 적용될 수 있을 것입니다."

역자 후기

만약『식물변형론』을 어느 유명 식물학자가 썼다면, 역자는 큰 관심을 두지 않았을 것이다. 그런데 시인인 인문학자가, 그것도 독일을 대표하는 대문호 괴테가 식물에 대한 새로운 이론을 제시했다는 사실에 반갑고도 놀라웠다. 괴테의『식물변형론』이 역자에게 특별했던 것은 바로 식물을 바라보는 '인문학자의 시선' 때문이었다.

처음 번역에 욕심을 내었을 때는 그리 어렵지 않을 거라고 예상하였다. 분량도 그다지 많지 않거니와 식물 형태에 관한 내용이라 비교적 수월하게 진행될 줄 알았다. 게다가 아직 국내에 전문全文이 번역되지 않은 내용이라 더욱 의욕이 넘쳤다. 평소에 다산 정약용丁若鏞의 공학이나 과학 분야의 저술은 한문학이나 인문학자뿐 아니라 공학이나 자연과학 관련 전공자가 함께 머리를 맞대고 연구하는 것이 바람직할 것이라는 생각이 있었던바, 그 믿음을 근거로 용기를 내었다.

하지만 번역을 진행하면서 당시의 전반적인 식물학 연구의 진행 상황과 수준은 어디까지인지, 또 현재와 비교하여 개념과 용어가 정확한지 알 수 없었고, 더구나 자연과학에 대한 괴테의 상상력이 어디까지인지 가늠할 수 없다 보니 무척이나 난감하였다. 솔직히 고백하자면『젊은 베르테르의 슬픔』과『이탈리아 기행』정도나 읽어봤던 역자가『식물변형론』을 번역하고자 달려든 것 자체가 무모한 것이 아닐까 하는 후회가 밀려왔다.

주제는 분명 식물의 형태에 관한 것이지만, 그 배경에는 한마디로 당대의 철학과 문학, 예술과 과학이 모두 땅속에 숨어 웅크리고 있었다. 괴테의 주요 작품과 그의 철학, 더 나아가 당시의 자연과학에 대한 전반적인 이해 없이는 앞으로 나아갈 수 없었다. 그의 저작과 관련 논문을 뒤적이면 또 다른 개념과 현상들이 튀어나왔다. 마치 땅속에 있는 작은 감자 한 알을 캐려 했는데, 크고 작은 감자들이 줄줄이 달려 나오는 듯했다. 한편

괴테의 식물변형론

반가우면서도 다른 한편으로는 낭패(?)스러운 상황이 계속 연출되었다.

번역 과정은 쉽지 않았다. 괴테의 생각을 제대로 따라가고 있는지 수시로 자문하였다. 때로는 현미경으로 들여다보듯 용어 하나에 집중하고 신경 쓰느라 간혹 큰 물줄기를 놓치거나 헷갈릴 때도 있었다. 그럴 때마다 시공간을 뛰어넘어 18세기 후반 괴테의 관념으로 들어가고자 애를 썼다.

특히 힘들었던 점은 식물학 용어의 번역이었다. 당시에 식물학이 구체적으로 어디까지 연구되었는지 정확히 알 수 없었고, 또 당시에 통용되었던 용어가 현대와는 다른 의미로 해석되거나, 당시 존재하지 않았던 식물학 용어를 현대 식물학의 용어로 번역하는 것은 아닌지 조심스러웠다. 더욱이 이 책은 어디까지나 괴테 개인의 관찰기록과 인식이 주된 내용이므로, 객관적인 정보와 판단이 결여될 수도 있을 것이라는 생각도 들었다. 또한 현재의 식물학 연구 결과와 용어를 기준 삼아 당시를 돌아보고 해석하려니, 원래 괴테가 의도했던 견해와 관찰 결과를 왜곡할 수도 있겠다는 조바심이 나기도 하였다. 간혹 괴테의 설명이 현대 식물학 연구 결과에 부합되지 않거나 당시에는 밝혀지지 않은 사항들도 있어 혼란을 가중시켰으며(53절 각주 90, 60절 각주 108 참조), 또 그 사실에 대해 옳고 그름을 판단하느라 많은 시간을 허비하기도 하였다. 이런 이유로 『식물변형론』의 전문이 우리나라에 아직 번역되지 않았던 것은 아닐까 하는 생각도 들었다. 본문에 각주가 많은 것도 그 연장선이다. 독자들을 위해 가능한 한 괴테의 사유 배경이 되는 사실들을 추적하여 각주에 담고자 노력하였다.

게다가 일부 애매한 표현의 해석과 배경을 파악하는 것도 중요한 일이었다. 예컨대 63절 '정신적 문합Geistige Anastomose' 등은 본문에는 드물게 나오는 표현이다. 괴테가 시인이기도 하거니와, 마침 그가 수시로 자문했던 예나대학의 칼 바춰 교수가 1787년 펴낸 『식물의 지식과 역사에 대한 입문 시도Versuch einer Anleitung zur Kenntniss und Geschichte der Pflanzen』의 제11장에도 '식물의 성性과 사랑Geschlecht und Liebe der Pflanzen'이라는 항목이 있어, 이것을 단지 문학적, 철학적, 또는 은유적 표현으로만 해석할 수도 있을 것이다.

그러나 당시의 과학기술사적 상황을 고려하면 이러한 표현의 배경을 또 다른 의미로 이해할 수도 있다. 수술과 암술의 문합은 동물의 교배와 마찬가지로 생물의 생식 과정이다. 18세기 유럽에서는 요한 프리드리히 블루멘바흐Johann Friedrich Blumenbach(1752~1840) 등과 같은 일부 과학자들의 생물 형성 이론이 등장하면서, 자연의 성性, 특히 식물의 생식에 관한 논쟁이 격렬했다. 또한 식물이나 미세 동물의 수정 과정에 대한 실체적이고 과학적인 근거가 부족했는데, 당시 현미경으로는 그 사실을 확인하기 어려웠기 때문이었다. 특히 현미경의 관찰과 발달이 과학연구에 결정적 영향을 끼친다는 사실은, 위에 설명한 린네의 사례뿐 아니라, 괴테의『식물변형론』내용 중에서도 확인할 수 있다(60절 참조). 괴테는 따개비 종류인 조개삿갓의 수정 과정을 현미경으로 직접 관찰했음에도 관련 연구가 부족하여 확신이 서지 않았다.

한편 식물계 전체의 수정 메커니즘이 정확히 밝혀진 것은 19세기 중반이었으므로, 괴테가 이 논고를 작성했을 때는 식물의 구체적이고 상세한 수정 과정이 아직 규명되기 전이었다. 결국 심증은 있었으나 물증은 없었던 그는 내용을 의인화하여 '정신적 문합'이라고 에둘러 표현할 수도 있었을 것이다. 더구나『식물변형론』본문 전체가 전문적이고 학술적인 식물학적 용어를 중심으로 상세히 서술되어 있고, 문학적 표현은 위의 사례 외에는 거의 없기 때문에 더욱 그렇다.

만일 당시에 모든 과학자가 인정할 정도로 식물의 수정 메커니즘이 소상히 밝혀졌더라면 식물의 일생 중 가장 중요한 과정인 수정 과정을 괴테가 단지 '정신적 문합' 정도로 간략하게 설명했을 리 없다. 그는 분명 암술과 수술의 수정 과정을 전문적인 학술 용어를 사용하며 자세히 기술했을 것이다. 여러 상황을 종합해볼 때, '정신적 문합'이라는 표현은 과학 기술적 한계에 따라 괴테가 문학의 힘을 빌린 중립적 표현이 아닐까 추측해본다.

그런 맥락에서 번역 과정 중 두 가지를 염두에 두게 되었다. 우선 현대 식물학 연구 결과를 잣대로 내용의 옳고 그름을 판단하지 말아야 한다는 기준이었다. 대신 당시에 괴테가 관찰하고 설명했던 내용을 있는 그

괴테의 식물변형론

대로 소개하는 것이 최선이라는 결론에 도달했다. 독자들은 이 점을 유념하면서 읽어 주시기 바란다. 다른 하나는 문학적 표현을 관성적인 시선으로만 보지 말아야 한다는 생각이었다. 괴테의 사유를 이해하기 위해서는, 인문학적 시각 외에도 과학기술사적인 배경을 항시 유념할 필요가 있다. 괴테는 시인인 동시에 '형태학'이라는 학문의 초석을 놓은 자연과학자였기 때문이다.

이 책을 번역하면서 괴테를 중심으로 그 전과 후대의 식물학에 관련된 유럽의 관련 문헌들을 자세히 들여다볼 수 있었다. 인터넷 검색 엔진 덕분에 200~300년 전 관련 책자들의 원문을 직접 살펴보며 유럽의 식물학사를 일별할 수 있었던 것은 참으로 다행스러웠다. 그 덕분에 당시의 식물학 서적들의 내용과 편제를 알 수 있었고, 귀중한 도판들을 살펴볼 수 있었다. 아울러 그중 중요한 도판들을 찾아 이 책에 삽입한 이유는, 그것이 당시의 식물 연구가 얼마나 방대하고 상세했는가를 독자들과 나누고 싶은 욕심이기도 하거니와 괴테가 『식물변형론』을 쓰면서 이러한 자료들을 참고했을 것이라고 상정하였기 때문이다.

동시에 역자가 평소 관심을 두고 있던 우리나라의 식물, 원예, 조경의 역사적 사실들이 당시 유럽의 상황과 중첩되며 자연스럽게 비교되었다.
괴테가 활동했던 시기는 우리나라 영·정조 시대로, 괴테(1749~1832)는 다산 정약용(1762~1836)과 동시대 인물이다. 그 당시 조선의 원예적, 식물학적 관심은 관찰보다는 완상玩賞에 가까웠다. 다시 말해 유럽처럼 꽃에 현미경을 들이대며 눈을 부릅뜨고 살펴보는 것이 아니라, 어느 정도 물리적, 심리적 거리를 두며 꽃을 즐기는 풍조였다.
물론 『화암수록華庵隨錄』을 쓴 유박柳璞(1730~1787)처럼 조선시대도 식물에 천착한 사람이 일부 있었지만, 카메라리우스Rudolf Jacob Camerarius(1665~1721)나 린네 또는 괴테처럼 암술과 수술의 기능과 용도, 꽃의 수분 과정 등을 규명하며 거의 현대 식물학 수준에 가까운 세밀한 연구는 이루어지지 않았다. 동시대의 유럽인들이 식물에 대해 사명감을 가지고 맹렬히 '연구'를 수행했다면, 조선 선비들은 식물 자체를 감상하며 풍류를 즐기는 '상화賞花'의 대상으로 인식하였다.

괴테가 식물의 떡잎과 암술과 수술, 유관속 등과 씨름하며 형태 변화를 탐구할 때, 우리의 선비들은 꽃 속에서 피어나는 자연과 우주에 대해서 논하였다. 괴테보다는 앞선 시기이지만, 조선시대 문신이자 서화가 강희안姜希顔(1418~1464)의 대표적인 원예서인 『양화소록養花小錄』에는 당시 조선 선비들이 식물을 바라보는 시각이 고스란히 담겨 있다.

"내가 천지 사이에 가득한 만물을 보니, 수없이 많으면서도 서로 연관되어 있으며 오묘하게 모두 제 나름대로 이치理致가 있다. 이치를 진실로 연구하지 않는다면 앎에 이르지 못한다. 비록 풀 한 포기 나무 한 그루의 작은 것이라도 각각 그 이치를 탐구하여 그 근원으로 돌아가면 그 지식이 두루 미치지 않음이 없고 마음은 꿰뚫지 못하는 것이 없으니, 나의 마음은 자연스럽게 사물과 분리되지 않고 만물의 겉모습에 구애받지 않게 된다." - 『양화소록』(강희안 지음)

언뜻 괴테의 『식물변형론』이나 『형태학』의 핵심 사상을 이미 조선의 강희안이 말하고 있는 것은 아닐까 하는 생각까지 든다.

당시 조선에서는 식물의 주요 기관별 상세 명칭도 통일되지 않았을 뿐더러 존재하지도 않았다. 세세한 기관과 조직의 명칭과 기능에 대해 아예 큰 의미를 두지 않았던 듯하다. 이에 다산 정약용은 "예蘂란 꽃술(암술+수술)이고, 악萼이란 꽃받침이며, 영英이란 꽃부리(꽃잎 전체=화관)이고 파葩란 꽃봉오리다. 글자마다 각각 뜻이 다른데 지금 그 모두를 꽃부리라고 하면 되겠는가?"라며 정확한 용어 사용을 주장하였다.

조선 시대의 식물에 대한 관심과 지식을 당시 유럽의 상황과 견줄 수는 없다. 조선의 학자들은 눈에 보이는 그대로의 외적 형상보다 그 속에 숨은 뜻을 찾으려 노력하였다. 그 결과, 식물에 대한 시와 글은 대부분 은유와 상징으로 가득 찼다. 이런 서술 방식은 얼핏 비과학적이고 허황한 것으로 비칠 수도 있지만, 식물의 상징성이란 식물 고유의 생리적, 생태적, 형태적 특질에서 유래된 것이라 할 때, 이 또한 또 다른 차원의 심층적 자연 해석 방식은 아닐까 생각해본다.

조선의 선비들이 사물과 현상을 대하는 태도에는 완물상지玩物喪志와 관물찰리觀物察理가 있다. 사물에 집착하여 본래의 뜻을 잃지 말고, 사물에 깃든 이치를 살피라는 것이다.

조선시대 성리학자들의 시각에서 보면, 괴테의 탐구 정신이야말로 식물을 애지중지하는 '완물상지'가 아니라, 그 속에 숨겨진 무궁한 이치를 깨닫는 '관물찰리'의 대표적 사례로 평가할 듯하다. 더 나아가, 눈으로 보지 말고 마음으로 보고, 마음을 넘어 이치로 읽으라는 조선인들의 당부를 바다 건너 독일의 괴테가 실천한 듯하다. 그렇다면 『식물변형론』은 '자연의 이치로 읽은 식물지植物誌' 정도가 될 것이다.

출간이 거의 임박했을 때, 그동안 수없이 찾아 헤맸던 '괴테의 튤립'을 지인이 준 봄 선물에서 우연히 발견하고 전율을 느꼈다. 이 튤립은 괴테가 44절에 설명한 것으로, 줄기잎이 꽃잎과 함께 붙어 자라는 기이한 형상이었다. 이것은 잎이 변해 꽃잎이 된다는 괴테의 가설을 시각적으로 증명해 보이는 사례이자 『식물변형론』의 핵심이기도 하다. 그간의 노고에 대해 괴테가 주는 선물이 아닐까 하는 생각마저 들었다.

어쭙잖은 원고를 흔쾌히 수락하며 반겨주신 이유출판의 이민, 유정미 대표님께 각별한 감사를 올린다. 이 시대에 진정 필요한 책이 무엇인지 항상 고민하는 이유출판과 함께하니 개인적으로 큰 영광이 아닐 수 없다. 식물 형태와 관련된 용어에 많은 도움을 주신 이규배 교수님께도 감사드린다. 항상 응원과 격려를 아끼지 않았던 학문적 동지, 한국전통문화대학교 김충식 교수님, 이재용 교수님, 성선용 교수님과 궂은 일을 도맡아 준 허민음 선생께도 감사드린다.

200여 년 전, 혹시 괴테가 그랬을지 모를 조심스러운 마음으로, 이 책을 세상에 내보낸다. 많은 분의 질정을 부탁드린다.

2023년 2월 서울 백악산 아래 담소헌(淡素軒)에서
이 선(李 瑄)

참고문헌

- Batsch, K. 1787. Versuch einer Anleitung zur Kenntniss und Geschichte der Pflanzen. Akademischen Buchhandlung Jena.

- Bauhin, Casper. 1623. Pinax theatri botanici. Basileae Helvet.: Sumptibus & typis Ludovici Regis.

- Becker, H-J. 1999. Goethes Biologie: die wissenschaftlichen und die autobiographischen Texte. Königshausen & Neumann.

- Borkhausen, M. B. 1797. Botanisches Wörterbuch : oder, Versuch einer Erklärung der vornehmsten Begriffe und Kunstwörter in der Botanick. G.F. Heyer Giessen.

- Brian J. Ford, 2009. The Microscope of Linnaeus and His Blind Spot. THE MICROSCOPE • Vol 57:2, pp 65-72.

- Chao, C. & Krueger, R. 2007. The date palm(Phoenix dactylifera L.): Overview of biology, uses, and cultivation. Biology Hortscience.

- Cotta, Heinrich. 1806. Naturbeobachtungen über die Bewegung und Funktion des Saftes in den Gewächsen, mit vorzüglicher Hinsicht auf Holzpflanzen. Weimar : Hoffmann.

- Erbar, C. 2015. Nectar secretion and nectaries in basal angiosperms, magnoliids and non-core eudicots and a comparison with core eudicots. Plant Div. Evol. Vol. 131/2, 63–143.

- Gaertner, J. 1788. De fructibus et seminibus plantarum. Stutgardiae, Sumtibus Auctoris, Typis Academiae Carolinae.

- Goeth, Sarah. 2017. Attraktion und Kreation: Zum epistemischen Paradigmenwechsel in Goethes Wahlverwandtschaften. Zwischen Literatur und Naturwissenschaft. De Gruyter.

- Hansen, Adolf. 1907. Goethes Metamorphose der Pflanzen. Geschichte einer botanischen Hypothese. 2 Teile. Gießen: Alfred Töpelmann.

- Hedwig, J. 1781.Vom waren Ursprunge der mänlichen Begattungswerkzeuge der Pflanzen, nebst einer diese Lehre erläuternden Zerlegung der Herbst Zeitlosen. Leipziger Magazin zur Naturkunde, Mathematik und Oekonomie.

· Hedwig, J. 1782. Fundamentum historiae naturalis muscorum frondosorum: concernens eorum flores, fructus, seminalem propagationem adiecta generum dispositione methodica, iconibus illustratis. Lipsiae, Apud Siegfried Lebrecht Crusium.

· Hodge. W.H. 1982. Goethe's Palm. Principes. 26(4). pp. 194-199.

· Hong Liao, Xuehao Fu, Huiqi Zhao, Jie Cheng, Rui Zhang, Xu Yao, Xiaoshan Duan, Hongyan Shan & Hongzhi Kong. 2020. The morphology, molecular development and ecological function of pseudonectaries on Nigella damascena (Ranunculaceae) petals. Nature. Nat. Commun. 11, 1777.

· Julius Jeiter, et. al. 2017. Geraniales flowers revisited: evolutionary trends in floral nectaries. Annals of Botany.

· Julius Jeiter 2018. On nectaries and floral architecture. Botany one.

· Kahler, ML. 1998. Urpflanze. In: Dahnke, HD., Otto, R. (eds) Goethe Handbuch. Springer.

· Kelley, T. M. 2009. Restless romantic plants: Goethe meets Hegel. European Romantic Review. Vol. 20, No. 2, April 2009, 187–195.

· Linnaeus, Carolus(Caroli Linnaei). 1735. Systema Naturae.

· Linnaeus, Carolus(Caroli Linnaei). 1751. Philosophia botanica.

· Linnaeus, Carolus(Caroli Linnaei). 1753. Species Plantarum.

· Linnaeus, Carolus(Caroli Linnaei). 1760. Prolepsis Plantarum.

· Linnaeus, Carolus(Caroli Linnaei). 1770. Systema Naturae.

· Linne, Carl von. & Ferber, J. 1763 Disquisitio de prolepsi plantarum, Uppsala,

· Magnus, Rudolf. 1906. Goethe als Naturforscher. Leipzig. Johann Ambrosius Barth.

· Malphigi, Marcello. 1679. Anatomes plantarum pars altera, Londini :

Impensis Johannis Martyn, Regiae Societatis Typographii, ad insigne Campanae in Coemeterio Divi Paul.

· Master, Maxwell T. 1869. Vegetable teratology, an account of the principal deviations from the usual construction of plants. London, Published for the Ray society by R. Hardwicke.

· Miller, John & Weiss, Wilhelm, Friedrich. 1789. Illustratio systematis sexualis Linnaeani. V.1, V.2. Francofurti ad Moenum, Varrentrapp et Wenner.

· Niklas, K.J. & Kutschera, U. 2016. From Goethe's plant archetype via Haeckel's biogenetic law to plant evo-devo 2016.

· Sach, Julius. 1875. Geschichte der Botanik. Oldenbourg, München.

· Schellenberg, G. Brandt, W. 1914. Neueste und wichtigste Medizinal Pflanzen in naturgetreuen Abbildungen mit kurzem erklärenden Texte. (Ergänzungsband II zu den Köhler'schen Medizinal-Pflanzen. Bd. 4). Friedrich von Zezschwitz Verlag.

· Schütt, Schuck, Stimm. 1992. Lexicon der Forstbotanik. Morphologie, Pathologie, Ökologie und Systematik wichtiger Baum- und Straucharten. ecomed.

· Sprengel, C.K. 1793. Das entdeckte Geheimniss der Natur im Bau und in der Befruchtung der Blumen. Berlin: Vieweg.

· Thomé, Otto Wilhelm. 1885. Flora von Deutschland, Österreich und der Schweiz. Gera-Untermhaus, F. E. Kœhler.

· Werneck, Ludwig Friedrich Franz. 1791. Anleitung zur gemeinnützlichen Kenntnisse der Holzpflanzen. Frankfurt am Mayn, Im Verlag der Jägerischen.

· William, H., Lyall, W. R. and Rose, H. J. 1829. The London Encyclopaedia, or universal dictionary of science, art, literature and practical mechanics. Vol. XV. Tegg, Thomas.

· https://www.swbiodiversity.org(Sue Carnahan. 2018)

· https://www.biodiversitylibrary.org

· https://worldcat.org

- https://www.wikipedia.org
- https://www.dwds.de(Deutsches Wörterbuch von Jacob Grimm und Wilhelm Grimm).

- 강희안 지음. 이경록·서윤희 옮김. 양화소록. 눌와. 2012.
- 김경희. 칸딘스키와 괴테의 예술론에 나타난 유기체적 조화. 독일 언어문학 (60권). pp 75-92. 한국독일언어문학회. 2013.
- 김연홍. 괴테의 자연개념- 원형현상, 변형 등의 핵심개념을 중심으로. 43권 1호, pp 29-47. 한국독어독문학회. 2002.
- 안드레아 울프 지음. 양병찬 옮김. 자연의 발명 : 잊혀진 영웅 알렉산더 폰 훔볼트. 생각의힘. 2016.
- 애너 파보르드 지음. 구계원 옮김. 2천년 식물 탐구의 역사. 글항아리. 2011.
- 요한 볼프강 폰 괴테 지음. 박영구 옮김. 괴테의 그림과 글로 떠나는 이탈리아 여행 1, 2. 생각의 나무. 2009.
- 요한 볼프강 폰 괴테 지음. 권오상·장희창 옮김. 색채론. 민음사. 2003.
- 요한 페터 에커만 지음. 장희창 옮김. 괴테와의 대화 1, 2. 민음사. 2008.
- 이규배 지음. 식물형태학(제4판). 라이프사이언스. 2021.
- 이일하 지음. 이일하 교수의 식물학 산책. 궁리. 2022.
- 장 마르크 드루앵 지음, 김성희 옮김. 철학자의 식물도감. 알마. 2011.
- 찰스 로버트 다윈 지음. 장대익 옮김. 종의 기원. 사이언스북스. 2019.
- 피터 톰킨스 지음. 황금용·황정민 옮김. 식물의 정신세계. 정신세계사. 1993.
- 한국괴테학회 지음. 괴테 사전. 한국외국어대학교출판부 지식출판원 (HUINE). 2016.

괴테의 식물변형론
요한 볼프강 폰 괴테 지음 · 이 선 옮김

초판 1쇄 발행 2023년 3월 16일
　　2쇄 발행 2023년 11월 6일
펴낸이 이민 · 유정미
편집 최미라
디자인 오성훈

펴낸곳 이유출판
주소 34630 대전시 동구 대전천동로 514
전화 070-4200-1118
팩스 070-4170-4107
전자우편 iu14@iubooks.com
홈페이지 www.iubooks.com
페이스북 @iubooks11
인스타그램 @iubooks11

정가 24,000원

ISBN 979-11-89534-38-7(03480)